热河满族医药文化调查研究（SD171073）
河北省老中医药专家学术经验继承项目（2017049）
资助项目

热河满族常用药栽培技术

◎主编 苏占辉 曹凯 谢利德 牛杰

中医古籍出版社
Publishing House of Ancient Chinese Medical Books

图书在版编目（CIP）数据

热河满族常用药栽培技术 / 苏占辉等主编 . —北京：中医古籍出版社，2019.6
ISBN 978-7-5152-1790-1

Ⅰ . ①热…　Ⅱ . ①苏…　Ⅲ . ①药用植物—栽培技术　Ⅳ . ① S567

中国版本图书馆 CIP 数据核字（2019）第 100081 号

热河满族常用药栽培技术

苏占辉　曹　凯　谢利德　牛　杰　主编

责任编辑　王晓曼
封面设计　艺点锦秀
出版发行　中医古籍出版社
社　　址　北京东直门内南小街 16 号（100700）
印　　刷　北京博图彩色印刷有限公司
开　　本　710mm×1000mm　1/16
印　　张　12.5
字　　数　192 千字
版　　次　2019 年 6 月第 1 版　2019 年 6 月第 1 次印刷
书　　号　ISBN 978-7-5152-1790-1
定　　价　75.00 元

《热河满族常用药栽培技术》编委会

主　　编　苏占辉　曹　凯　谢利德　牛　杰

副 主 编　赵春颖　孙　寒　谢云鹏　于海龙

　　　　　李冬云　李洪波　许利民

编　　委　（以姓氏笔画为序）

　　　　　马　帅　马丽萍　王　丹　王立夫

　　　　　王建国　王艳平　王淑君　王舜彩

　　　　　毛晓霞　田菲菲　白翠红　冯丽肖

　　　　　刘　博　刘　鹏　刘志强　刘海军

　　　　　齐元春　许艳梅　孙卫华　孙艳春

　　　　　杜建民　芮秀丽　李忠思　张天也

　　　　　张滋明　陈星辉　苗光新　赵桂琴

　　　　　贾晓丽　唐玉东　黄艳君　谭文文

主　　审　张晓峰　郭玉成　刘翠哲

编写单位　承德医学院中药研究所

　　　　　承德医学院基础医学院

　　　　　承德医学院附属医院

　　　　　承德医学院满族医药研究室

　　　　　承德护理职业学院

　　　　　承德市妇幼保健院

　　　　　隆化县农业技术推广站

　　　　　围场满族蒙古族自治县农业技术推广中心

　　　　　宽诚满族自治县农业技术推广站

　　　　　丰宁满族自治县农业技术推广站

　　　　　青龙满族自治县农业技术推广站

前　言

热河，地处河北省东北部，处于华北和东北两个地区的连接过渡地域，地近京津，背靠蒙辽，省内与秦皇岛、唐山和张家口市相邻，包括今河北省承德地区、辽宁省朝阳、内蒙古自治区赤峰市所有县旗，地域广阔。承德地区现包含丰宁、宽城、围场三个满族自治县，同时与秦皇岛的青龙满族自治县比邻，是我国满族人口的主要聚居区。

热河地区满族人口集中，满族文化底蕴深厚，保留较完整，在清代满族医药文化也发展到极致。满族医药作为满族文化及传统医学的重要组成部分，具有鲜明的民族特色和明显的地域特征，尤其是在满族聚集区，药用资源丰富，随着时代的发展和进步，大量的药材从野生变为家种。

我们在长期从事中药资源普查和满族地区药材种植情况调研的过程中，深切地感受到满族地区的广大药材种植户需要一本较为系统的、实用的、先进的种植技术来指导当前的中药材种植。中药材种植技术和传统的农业种植技术存在着一定的差异，因此就需要中药的科研人员和当前的中药种植户紧密联系起来，集思广益，各尽所能，开拓创新，共同分析研究当前中药材种植的现状，将零散的、分散于不同学科的技术和种植户的生产实际紧密结合起来，形成一套较为完善的、实用的资料以供药材种植参考之用。

《热河满族常用药栽培技术》一书的编写历时三年，由承德医学院中药研究所和承德地区满族县农业部门的相关专业技术人员收集整理承德地区（原热河省大部）规模化种植的满族常用药材相关种植技术编写而成。全书收载承德地区规模化种植的满族常用植物药材51种，与之前出版的《热河满族常用药实用技术》相辅相成，是承德医学院满族医药研究机构编写的系列丛书之一。

本书编著人员大部分为第四次全国中药资源普查（承德地区）的普查队员，编著人员深入到承德地区的围场、宽城、丰宁、隆化等满族县乡，全面了解这些满族地区的药材种植、资源状况、临床应用等，掌握第一手资料。在此基础上，结合热河地区常用满族药材种植采收加工的实际情况，深度挖掘分属于不同专业、不同学科的药材种植加工技术，将当前较为实用的相关技术收录进本书中，用于指导中药材的种植和生产加工，具有良好的可行性和先进性，这也是本书编写的核心意义所在。

其中桔梗、黄芪、防风的种植技术由隆化县易隆种养殖专业合作社提供，板蓝根、大青叶、百合的种植技术由隆化北方药菜综合开发农民专业合作社提供，枸杞、柴胡的种植技术由隆化县峰丰种养殖专业合作社提供，苍术的种植技术由隆化县粟源种植专业合作社提供，苦参、山楂的种植技术由隆化县地源中药材种植专业合作社提供，射干、丹参的种植技术由承德市农业经济作物管理站提供，其他药材的种植技术分别由承德医学院、隆化县农牧局、隆化县农业技术推广站、围场满族蒙古族自治县农业技术推广中心、宽城满族自治县农业技术推广站、青龙满族自治县农业技术推广站、丰宁满族自治县农业技术推广站提供。

《热河满族常用药栽培技术》是在《中国的中医药》白皮书和

《中华人民共和国中医药法》(以下简称《中医药法》)发表和颁布以后编纂而成的，是承德医学院落实中医药法、发展中医药事业的一项重要举措。

本书和之前出版的《热河满族常用药实用技术》填补了满族地区药材种植加工技术的空白，对促进满族地区药材产地初加工标准化、规模化、集约化，提高药材资源综合利用水平，发展药材绿色循环经济有着至关重要的作用和意义。

目 录

白 芍

【基原】

本品为毛茛科植物芍药 *Paeonia lactiflora* Pall. 的干燥根。

【适宜生境】

喜温和的气候，既能耐炎热，又能耐严寒。在极端高温（42.1℃）和低温（–20℃左右）的条件下，都能安全越夏或越冬，但以无霜期较长的地区生长最好。耐干旱，怕涝，水量过多时会引起根腐病。喜阳，不耐阴，在阳光充足的地方长势较好。土壤以疏松、排水良好、中性或偏碱性的沙壤土最为适宜。土壤的含氮量不宜过高，以免造成枝叶生长过剩、根部生长不良的现象。分布于海拔 1000 ～ 2300m 的山坡草地。

【栽种技术】

一、生长习性

9 月下旬白芍芽头开始生根，10 月生根达到最旺盛阶段，同时，地上部分慢慢枯萎。11 月到次年 2 月中旬根部生长最快，芽到次年春天开始萌发、展叶。不同地区，由于气候环境存在差异，生根和发芽的时间存在一定差异。

二、繁育方法

白芍的繁育方法有芽头栽种、种子播种和分根栽种。现代生产中，白芍的栽种主要以芽头栽种为主。

三、栽种方法

1. 选地整地　根据白芍的生长习性选择合适的种植地，深翻除草，施基肥，平整土地后做高畦，畦宽 1.5m、高 20cm，畦沟宽 30cm，开好排水沟，以防止雨水过多不能及时排除而导致白芍烂根。

2. 栽种　和其他根类药材入药一样，白芍在秋季收获。收获时，选取粗大、饱满、无病虫害的芽头，用刀切成小块，每块上含有粗壮芽孢 2 ～ 3

个，留作种苗。

（1）栽种时间：一般在8月下旬至10上旬，最晚不能超过10月中旬，不同地区可能有所偏差。

（2）栽种方法：开穴行距65cm左右，株距35cm左右，穴的深度以芽的大小为标准来确定。切面朝向下方，芽头朝上，每个穴放置2个左右的芽头，芽头上覆4cm左右的细土，覆土要稍高于畦面。

四、田间管理

1. 除草 第二年小苗出土后开始进行除草，除草时宜浅锄，以免伤及幼苗。在杂草生长旺盛的时期，应该及时进行锄草，锄草的同时进行培土。

2. 晒根 第二年锄草时，将芍药的上半部分主根暴露，晒5～6天，然后覆上细土。

3. 排水灌溉 芍药易得根腐病，在雨水过多的夏季要及时做好排水工作；在干旱的季节，进行适当的灌溉，注意不能有积水现象存在。

4. 追肥 根据苗的生长情况，进行施肥。一般在春季发芽时和夏季生长旺盛时进行施肥，在地上部分枯萎后再施一次肥，施肥量根据苗的生长状况而定。

5. 摘蕾 在每年花蕾长出时，选择晴天露水干后，将植株上的花蕾全部除去，留种株不用摘蕾。

6. 培土越冬 入冬时地上部分枯萎，此时将地上部分剪去，留下距地面7～8cm的部分，并培土10cm左右。

【病虫防治】

一、病害

1. 叶斑病 叶斑病大多发生在夏秋季，发病时叶面有褐色圆斑，向四周逐渐扩展变大，最后变成灰褐色。

防治方法：在发病初期就要开始喷药，防止病害扩展蔓延。常用药剂有25%多菌灵可湿性粉剂300～600倍液（50%的1000倍液、40%胶悬剂600～800倍液）、50%托布津1000倍液、70%代森锰500倍液、80%代森锰锌400～600倍液等。需要注意药剂的交替使用，以免病菌产生抗药性。

2. 灰霉病 灰霉病是一种在低温高湿环境下生长的真菌性病害，主要危害花、茎、叶。

防治方法：合理密植，选择优良的种芽，及时清除枯枝和杂草。在发病时，选用 50% 多菌灵 800 ～ 1000 倍液喷施。

3. 锈病 锈病一般发生在夏季，由锈菌真菌引起，发生病害的植物叶子和茎出现铁锈色斑点。

防治方法：选择合适的土地，通风、排水良好的土地最为适宜。在发病时要及时清除染病的茎叶。在发病时，可使用喷波美 0.3 ～ 0.4 度石硫合剂每 7 ～ 10 天喷一次，连续多次喷洒。

4. 根腐病 根腐病大多发生在夏季雨水过多时，若雨水不能及时排除，则会引起根部腐烂性病害。

防治方法：合理密植，选择合适的地势，并做好排水工作。在发病时，喷洒或浇灌 50% 多菌灵可湿性粉剂 500 倍液。

二、虫害

虫害常发生在夏季，主要有蛴螬、地老虎等，危害根部。

防治方法：用 90% 的敌百虫或 50% 的辛硫磷拌毒饵诱杀。

白　术

【基原】

本品为菊科植物白术 *Atractylodes macrocephala* Koidz. 的干燥根茎。

【适宜生境】

白术喜凉爽气候，怕高温高湿，适宜生长在地势较高、排水良好的地方。白术对土壤的要求不是很严格，一般的中性或偏酸性黏土或偏碱性的沙壤土均能生长，在排水良好的沙壤土中生长最好。白术不宜连作，种过的地最好 5 年以后再种。

【栽种技术】

一、生长习性

气温在 30℃以下时，白术的生长随着温度的升高而加快；超过 30℃时，白术的生长受到抑制。白术地下部分生长的适宜温度一般在 26℃～28℃。白术在 4 月播种，根形成期一般在 8 月左右。进入秋季后，白术的地上部分枯萎，根部积累了大量的有效物质，此时采收产量高、有效成分含量高。

二、繁育方法

用种子繁殖。生产上主要采用育苗移栽法。

1. 育苗　3 月下旬至 4 月上旬，选择籽粒饱满、无病虫害的新种，在 30℃的温水中浸泡 1 天后，捞出催芽播种，条播或撒播。条播者，在播种前，按行距 15cm 开沟，沟深 4～6cm，沟内灌水，将种子播于沟内，播后覆土，稍加镇压，畦面盖草保温保湿，然后再浇 1 次水。每 667m^2 用种 5～7kg。播后 7～10 天出苗，出苗后揭掉盖草，加强田间管理。至冬季移栽前，667m^2 可培育出 400～600kg 鲜术。

2. 移栽　当年冬季至次年春季即可移植。以当年不抽叶开花，主芽健壮，根茎小而整齐，杏核大者为佳。移栽时剪去须根，按行距 25cm 开深 10cm 的沟，按株距 15cm 左右将苗放入沟内，牙尖朝上，并与地面相平。

栽后两侧稍加镇压，栽后浇水。一般 $667m^2$ 需鲜白术 50 ～ 60kg。

三、栽种方法

1. 土地整理 在播种前，要对土地进行锄草和杀菌消毒，以免发生病虫害。一般在入冬前对土地进行深翻，土壤在冬季经过冰冻和风化，达到了杀菌消毒的目的。来年春天，将土地做成宽 1m 左右、高 20cm 的畦，施基肥。

2. 播种 白术在春季播种，特别是在清明至谷雨这段时间播种最为适宜。但是，由于各地的气候条件不一样，最佳的播种时间会有所偏差。再播种前，要进行催芽处理，将白术的种子在 25℃～ 30℃的水中浸泡 4 ～ 5h，随后取出，放在布袋上，浇 35℃的水进行催芽，等种子萌芽时就可以播种了。

3. 苗期管理 在幼苗出土后，要进行间苗，除去过密和生长不是很好的幼苗，等到幼苗生长到 4 ～ 5cm 时，要进行锄草。在苗高 6cm 左右时，进行定苗，一般可按株距 7 ～ 9cm 定苗，并根据生长状况进行追肥。入秋，苗叶变黄时开始采挖种栽，在离顶端 1 ～ 2cm 处剪去枝叶，切勿伤及主芽和根状芽表皮，阴干，表皮发白后进行贮存。

4. 种栽贮存方法 一是在阴凉通风的室内贮存。注意避免阳光直射，用砖头或石块砌成方围，再在泥土地上铺 3 ～ 4cm 厚的细沙，将幼苗分层叠放，即一层幼苗，一层沙。每隔 0.6 ～ 1m 插 1 个草把，以利通风透气，当堆至 35cm 高时，覆盖 7cm 厚的沙或泥土封顶，不宜太厚，防止发热腐烂，上放杉树枝，以防鼠害。冬季气温较低时，再加盖一层稻草。沙土须干湿适中，每隔 15 ～ 30 天翻堆检查一次，发现腐烂者要立即剥出。二是露天贮存。秋播的白术苗可覆盖干草或薄膜，就地越冬，次年春季随挖随栽。

5. 选择术栽 选取芽头饱满，根系发达，表皮细嫩，根茎上部细长、下部圆形的幼苗。按大小分类，分开种植，要使幼苗整齐，便于管理，以提高产量。以大如青蛙形，且密生柔软细根，主根细短或没有主根，在高山生地种的品质为优良，注意要将有病虫害的术栽全部除去。

四、田间管理

1. 除草 苗出土后，勤除草，保持田间无杂草，浅松土，使土壤不板结。早晨露水未干时，不宜锄草，以免感染病害。5 月中旬植株封行后，只除草，不中耕。

2. 施肥 播种时要施足基肥，但也不宜过量。在进入5月前后，施肥一次，根据苗的生长情况确定施肥量。此外，白术在结果时，是生长的旺盛时期，需肥量较大，要加大施肥量。一般是在株间开小穴，施肥，然后覆土。

3. 灌溉 白术不宜生长在水分含量较大的土壤中，要做好田间的排水工作，防止雨水过多季节，造成田间积水导致死苗现象。在严重干旱的季节，要及时灌溉，保持田间湿润，否则会影响白术的生长，导致产量降低。

4. 特殊管理

（1）摘除花蕾：为了促进养分的集中供应，要适时摘除花蕾，每株留5～6个花蕾。摘蕾在晴天、早晨露水干后进行，避免雨水进入伤口引起病害或腐烂。

（2）盖草防旱：对于土壤结构较差、保水能力较弱的地区，谷雨前后可覆盖鲜草一层，防止水分蒸发。在平原地区也可以采取覆盖地膜的办法，既防旱又防止杂草生长。

5. 选留良种 摘除花蕾前，选择植株高大、健壮整齐、无病虫害的株苗留种用。立冬后，白术下部叶枯老时，连茎割回，晒干，10～15天后脱粒，去掉有病虫害及瘦弱的种子，装在布袋或纸袋内贮存于阴凉通风处。或将果实摘回放于通风阴凉处，待果实干后，将种子打出，贮存备用。

【病虫防治】

一、病害

1. 白绢病 又称菌核性根腐病和菌核性苗枯病，主要发病部位在植株根茎部，多见于成株期。植株染病后，茎基和根茎出现黄褐色至褐色软腐，叶片黄化萎蔫，顶尖凋萎，下垂枯死。根茎腐烂有两种症状：一种是在较低温度下，被害根茎仅存导管纤维，呈“乱麻状”干腐；另一种是在高温高湿环境下，蔓延较快，白色菌丝布满根茎，并溃烂成“烂薯状”湿腐，后期受害植株的地上部分逐渐萎蔫死亡。

防治方法：深翻改土，加强田间管理；选无病害种栽培，并用50%退菌特1000倍溶液浸种后下种；用50%多菌灵或50%甲基托布津1000倍液浇灌病区。

2. 立枯病 又叫烂茎瘟，由半知菌亚门真菌侵染引起。真菌危害幼苗，早春阴雨季节或土壤板结时易发生，受害病株干缩凹陷，最终导致植株死亡。

防治方法：进行土壤消毒，种植前用50%的多菌灵可湿性粉剂处理土壤。

3. 铁叶病 白术铁叶病是常年发生的比较严重的一种病害，要在苗期、成长期及时防治，防治不当会造成白术品质下降减产。发病部位为叶片，亦可危害茎和花苞。发病初期，叶片产生黄绿色失水小斑点，后扩大，因受叶脉限制，病斑呈多角形或不规则形，为暗褐色至黑褐色。后中央呈灰色，内生小黑点。病害重时，病斑布满全叶，呈铁黑色，植株叶片由下向上枯死。

防治方法：清理田间，烧毁残株病叶；发病初期喷1∶1∶100波尔多液或50%退菌特1000倍液，8～10天喷1次，连续喷3～4次。

4. 锈病 又叫黄斑病，表现为生长在叶上的棱形或近圆形、褐色、有黄绿色的晕圈。生长在叶片背部的病斑为黄色颗粒状物，破裂后为微黄色粉末。

防治方法：加强田间管理，及时烧毁残株病叶；发病初期喷波美0.2～0.3度石硫合剂，7～10天喷1次，连续喷2～3次。

5. 根腐病 又叫干腐病，是一种伤害根状茎的疾病，可使植物维管束发生病变，该病种由真菌引起，能够造成根部腐烂的疾病，根部的腐烂会影响植株对水分和养分的吸收，最终导致植物枯死。

防治方法：播种时选择健壮的植株留种，与禾本科植物轮作，发病期用50%多菌灵或50%甲基托布津1000倍液浇灌病区。

6. 菟丝子 又叫金丝藤，是一种寄生性种子植物，多生长在夏季。

防治方法：剔除混进白术种子里的菟丝子，发现后尽早除掉；施用鲁保一号防治，土质粉剂每亩1.6～2.5kg喷粉；或喷洒菌液，土制品每亩0.75～1kg或工业品每亩2.5～4kg加水1500kg喷雾。

二、虫害

白术的虫害主要有地老虎、蛴螬、蚜虫，其中地老虎、蛴螬为害最严重。

1. 地老虎 白术苗出土后至5月，是地老虎危害最严重的时期，一般采取人工捕杀。每日或者隔日巡视术地，若发现新鲜叶片有被咬过的痕迹，可在受害的叶面上的小孔里寻找地老虎，并进行捕杀。

2. 蚜虫 在3月下旬至6月上旬为害最严重。

防治方法：用鱼藤精1份加水400份，充分搅匀后，在清晨露水干后喷施，效果良好。

3. 蛴螬 夏秋季节至白术收获前，均对白术有危害，尤以小暑至霜降前为害最为严重。

防治方法：人工捕杀。在9～10月间翻土，在翻土时应进行深翻细捉；用桐油或硫酸铜（俗称胆矾）喷洒；在摘除花蕾后，结合第三次施肥时，每100kg粪水加桐油200～300g施下。

4. 白蚁 大暑过后，白蚁食白术块根茎秆，受害白术植株枯黄而死。

防治方法：在大暑后，将嫩松枝截成30cm左右的松枝段，埋于术地的行间，诱集白蚁蛀食。每隔10日捕杀1次，可以避免受害。

5. 术籽虫 属鳞翅目螟蛾科，主要为害白术的种子。

防治方法：在冬季深翻土地，消灭越冬地虫源；水旱连作；在初花期，成虫产卵前，喷施20%氯虫苯甲酰胺3000倍液，5～10天喷一次，连续喷3～4次；选育抗虫品种，阔叶矮秆型白术能抗此虫。

白头翁

【基原】

本品为毛茛科植物白头翁 *Pulsatilla chinensis*（Bge.）Regel. 的干燥根。

【适宜生境】

多生于丘陵和草丛中，耐寒、喜干燥。对土壤的湿度要求严格，土壤水分含量不能过高，以排水良好的沙质壤土、淤积土和黏质壤土为佳，不耐移植。

【栽种技术】

一、生长习性

白头翁原为野生植物，近年来才引种栽培，是我国北方开放最早的花卉之一。结果时，在宿存花柱上密生不脱落的长白绒毛，形如老翁白发，不仅可以赏花，还可观果，在园林中适于自然式的种植，也是较理想的地被植物。白头翁喜欢阳光充足的生长环境，怕强光照射，喜欢凉爽，耐寒性较强，比较怕高温，适宜的生长温度在 10℃～21℃之间。

二、繁育方法

白头翁主要是种子繁育，现采现播，可以春播也可以秋播，或采摘后放在阴凉处贮存，但贮存时间不宜过长。

三、栽种方法

1. 选地整地　白头翁喜凉爽干燥的气候，耐寒，耐旱，不耐高温。以向阳、土层深厚、排水良好的沙质壤土生长最好，冲积土和黏壤土次之，排水不良的低洼地不宜栽种。

2. 播种　白头翁主要采用种子直播或育苗移植。

（1）种子直播：3 月底 4 月初播种，种子用温水浸泡 6h，捞出沥干水分，用湿麻袋片或纱布包上，放在 25℃～30℃的温度下催芽，5 天左右，当出芽达到 70% 以上立即播种，不能及时播种的，把芽子放在 5℃左右的地方能存放 1 周左右，一般需要放在冰箱里冷藏。

（2）育苗移栽：在畦面划浅沟，将种子均匀撒入，覆上一层薄土，盖上稻草。出苗后，去掉稻草。在苗高 3cm 时进行间苗，除去细弱病害以及过密的苗。于当年秋季或次年春萌芽前，按株行距 15cm×20cm 移栽，然后浇水，保持畦面湿润以保证移苗成活。

四、田间管理

1. 除草 白头翁幼苗生长缓慢，要注意松土和锄草，松土和锄草时，切勿伤及根系。

2. 施肥 定苗后追施 1 次稀薄粪水，每亩 1600kg，秋季施 1 次堆肥加过磷酸钙，施肥后浇水。

3. 摘蕾 在花开始长花蕾时，要及时除去花蕾，以促进根部发育。

【病虫防治】

一、病害

1. 根腐病 这是一种由真菌引起的，能够造成根部腐烂的疾病，根部的腐烂会影响植株对水分和养分的吸收，最终导致植物枯死，大多发生在阴雨季节或排水不好易造成积水的土地上。

防治方法：在耕种时修好排水沟，能够在雨水天气及时排除大田内的积水，移栽时用 50% 退菌特 100 倍液浸泡根部，发病期用 50% 的托布津 800 倍液杀菌。

2. 锈病 这是由真菌中的锈菌引起的一类病害，主要危害叶片，主要表现为在茎、叶或其他部分出现损害性的红褐色斑点，最终导致植株枯死。

防治方法：苗枯后，彻底清除地面和根桩病残组织；春季及时摘除病叶，喷洒石硫合剂、97% 敌锈钠 250 ～ 300 倍液或 25% 粉锈宁可湿性粉剂 1200 ～ 2000 倍液喷雾，或发病前喷施 1 ∶ 1 ∶ 60 波尔多液。

二、虫害

蚜虫 是一类植食性昆虫，主要危害嫩芽和嫩叶。

防治方法：蚜虫发生期用 10% 的吡虫啉可湿性粉剂 2000 倍液，或 50% 抗蚜威可湿性粉剂，或 50% 抗蚜威水分散粒剂 3000 ～ 4000 倍液均匀喷雾。每周喷 1 次，连续喷 2 ～ 3 次。

白鲜皮

【基原】

本品为芸香科植物白鲜 *Dictamnus dasycarpus* Turcz. 的干燥根皮。

【适宜生境】

白鲜生于山地灌木丛、森林下的山坡阳坡。白鲜喜欢温暖湿润的环境，耐寒，怕旱，怕涝。以阳光充足、土质肥沃疏松、排水良好的沙质壤土或缓坡地为宜。

【栽种技术】

一、生长习性

白鲜是多年生草本植物，药用部位为根皮。若条件适宜，播种后 15 ～ 18 天，当年生植株可高 10 ～ 15cm，冬季能自然越冬。二年生植株高 20cm 以上，主根长 15 ～ 20cm。三年生植株开始开花结实，生长期 8 ～ 10 年。栽培的白鲜皮生长期为 150 天左右，4 月下旬返青出土，9 月下旬地上部分开始枯萎。

二、繁育方法

繁育的方法有：种子繁殖和块茎繁殖。

（1）种子繁殖：白鲜既可春播也可秋播。播种前把地整平整细，开 13cm 左右深、3cm 宽的深沟，将拌有细沙的种子撒下，盖土镇压。注意保持土壤湿度和温度，保证出苗率，在种好的白鲜上面覆盖湿润的稻草帘。

（2）块茎繁殖：幼苗生长 1 ～ 2 年移栽，秋季地上部分枯萎后或春季返青前移栽。将苗床内幼苗全部挖走，按大小分类，分别栽植，行距 15cm，株距 20 ～ 25cm，根据幼苗根系长短开沟，顶芽朝上放在沟穴内，使苗根舒展开，覆土 4cm 左右，盖过顶芽，干旱时要浇水。栽种前块茎用退菌特 50% 可湿性粉剂 100 倍液浸种 5min，稍晾干后随即栽种。

三、栽种方法

1. 选地整地 根据白鲜的生长习性，选择阳光充足、土质肥沃、排水良好的沙壤土或者缓坡地，进行移栽。清除杂草，深耕土地，同时根据土壤情况加入一定量的底肥。一般施入 1500 ～ 2000kg 腐熟好的农家肥，或施氮磷钾复合肥 30 ～ 50kg。

2. 播种方法 采收后的种子晾晒 5 ～ 7 天，种子用高锰酸钾溶液浸泡 6h，按 1∶3 的比例与细沙拌在一起，然后装入透气的袋子中，埋在土里储存，等到明年开始播种。播种出芽后，让苗生长 1 ～ 2 年即可移栽。

四、田间管理

1. 松土除草 出苗后要及时进行间苗和锄草，在锄草时注意不能伤害幼苗根，锄草时可进行适当的松土，松土除草后在茎的基部进行培土，防止幼根露出地表。也可以在栽种后盖一层土杂肥抑制杂草生长。

2. 施肥 在播种或者移栽时，要根据土壤状况施足底肥。10 月下旬到 11 月上旬施腐熟饼肥或腐熟厩肥，促使地下茎生长、节间增多，同时还能起到防冻保苗的作用；二年生苗在生长盛期适当追施磷钾肥，也可用 0.3% ～ 0.5% 磷酸二氢钾液进行叶面喷肥。

3. 灌溉排水 在雨水较多的季节要注意排水，以免产生积水，造成根腐病。在干旱的季节，要及时进行灌溉，防止死苗影响产量。

4. 摘除花蕾 对于不留种子的幼苗，在孕蕾的初期即可将其除去，有利于地下根部的生长。

【病虫防治】

一、病害

1. 霜霉病 通常在 3 月开始发病，大多数为叶片病变。初期，叶初生褐色斑点，逐渐在叶背产生一层霜霉状物，使叶片枯死。

防治方法：及时清扫枯枝落叶，减少病原；用甲基托布津 800 倍液，或 58% 甲霜灵锰锌可湿性粉剂 500 ～ 700 倍液喷施。

2. 菌核病 通常在 3 月中旬发病，危害茎基部，初期呈黄褐色或深褐色的水泽状棱形病斑，严重时茎基腐烂，地上部位枯萎，可见菌丝和菌核。

防治方法：可用 3% 菌核利或 1∶3 石灰和草木炭混合后撒入畦面。

3. 锈病　一般在3月上中旬发病，主要危害叶片。在发病初期，叶片现黄绿色病斑，后变为黄褐色，叶背或茎上病斑隆起，散出锈色粉末。

防治方法：可用60%代森锰锌可湿性粉剂500倍液喷施，或喷施25%粉锈宁可湿性粉剂1000倍液。

二、虫害

黄凤蝶　一般发生在夏季，主要危害茎、叶。

防治方法：可用20%氯虫苯甲酰胺3000倍液，或10%氯氰菊酯乳油2000～3000倍液喷雾。6天喷1次，连喷2次。

白　芷

【基原】

本品为伞形科植物白芷 *Angelica dahurica*（Fisch. ex Hoffm.）Benth. et Hook.f. 或杭白芷 *Angelica dahurica*（Fisch. ex Hoffm.）Benth. et Hook. f. var. *formosana*（Boiss.）Shan et Yuan 的干燥根。

【适宜生境】

白芷对光照不敏感，但光照能够促进种子发芽，喜温暖、湿润、光照充足的环境，惧高温，耐寒，怕干旱，对环境的适应性较强。白芷适宜生长在土层肥厚、质地疏松、排水良好的沙壤土中。气候条件以年平均温度15℃～20℃，最冷平均气温5℃以上，年降雨量1000～1200mm，年均日照时数1400h为宜。

【栽种技术】

一、生长习性

白芷的种植大多采用秋播，在适宜的条件下，3周左右出苗。幼苗的生长缓慢，以小苗过冬。第二年春天，植株生长最为旺盛，5月前后根部生长最快，7月中旬以后，植株逐渐变黄枯死，地上部分营养全部转移至地下部分，进入休眠期，此时是采收药材的最佳时机。8月下旬，植株开始萌发新芽，进入下一轮的生长期，此后为生殖生长期。4月下旬开始抽薹，5～6月开始开花，6～7月种子逐渐成熟。

二、繁育方法

白芷用种子繁殖，可单株选苗移栽留种和就地留种。选择生长3年以上的健壮植株作为种株，当种子成熟时开始分批连同花薹一起收获，摊晾在阴凉干燥通风处，干后脱下籽粒，用布袋贮存，以备秋后播种用。白芷应当选用当年所收的种子，隔年陈种的发芽率不高，甚至不发芽，不可采用。

三、栽种方法

1. 选地整地　白芷对前荐作物选择不甚严格，一般棉花地、玉米地均可栽培，前茬作物收获后，及时翻耕，以深 33cm 为宜。晒后再翻一次，然后耙细整平做畦，畦宽 100 ～ 200cm、高 16 ～ 20cm，畦面应平整，畦沟宽 26 ～ 33cm（排水差的地方用高畦），土壤细碎。耕地前，每亩施堆肥草木灰 10kg 左右。

2. 播种　白芷播种期分春、秋两季。春播在清明前后，但产量低、质量差，一般都不采用。秋播不能过早或过迟，最早不能早于处暑，否则在当年冬季生长迅速，将有多数植株在第二年抽薹开花，其根不能作药用。但最迟不能迟于秋分，因秋分后雨量渐少，气温转低，白芷播种后长久不能发芽，影响生长与产量，故应在 8 月上旬至 9 月初播种。

四、田间管理

1. 间苗定苗　第二年早春季节，苗高长到 5 ～ 7cm 时进行第一次间苗，苗高长到 10cm 时进行第二次间苗。间苗时只保留叶柄为青紫色的幼苗，间去弱小过密和叶片距地面较高的幼苗。等到苗高长到 15cm 时进行定苗，定苗时应将生长过旺、叶柄青白色的大苗拔除。

2. 除草　在间苗的同时进行锄草。

3. 施肥　在播种前要根据土壤的具体情况，施足基肥。在春季生长旺盛时，追肥 2 ～ 4 次。第一次施肥要薄、少，以后逐渐增加浓度，追肥的次数及追肥量要根据植株的生长状况而定。

4. 灌溉排水　在干旱的土地上，播种后要进行浇水，以后无雨水天时，要注意观察土壤含水量，及时进行灌溉，保持土壤湿润。在雨水季节，应该做好排水工作，防止积水过多。

5. 拔出抽薹苗　第二年 5 月会有部分植株抽薹开花，发现抽薹植株要及时拔出。

【病虫防治】

1. 斑枯病　又叫白斑病，病原是真菌中的一种半知菌，主要危害叶部。病斑呈多角形，初期暗绿色，以后呈灰白色，上生黑色小点，即原菌的分生孢子器，严重时叶片枯死。

防治方法：清除病残组织，集中烧毁；用1∶1∶100的波尔多液或用65%代森锌可湿性粉400～500倍液喷雾。

2. 灰斑病 发病部位为叶片。发病叶片初生黄绿色圆形或不规则形病斑，后扩大成边缘黄褐色或深褐色、中央灰褐色、2～5mm的斑，上生灰黑色霉层，有时不明显，常多个病斑愈合成大枯斑，造成叶片早枯。

防治方法：收获后清除田间残枝落叶，并集中烧毁；发病初期用50%多菌灵、50%托布津、50%苯来特、50%灭菌丹等可湿性粉剂中的一种，用500～600倍液喷洒于叶面，10天喷1次，连喷2次以上。

3. 立枯病 立枯病是真菌中的一种半知菌引起的幼苗病害。白芷植株发病初期被害幼苗基部出现黄褐色病斑，以后呈褐色环状并凹缩，直至枯死。早春阴雨天、土壤黏重、透光性差的情况下，发病严重。

防治方法：发病初期用5%石灰水灌注，每7天灌根1次，连续3～4次。

4. 根结线虫病 白芷的整个生长期均可能发生，发病部位为根部。被害根茎常分枝为数根，呈手指状，细根则丛生呈须团状，其上生有许多膨大瘤节，并可见到许多白色或黄白色粒状物。地上部分茎叶褪色、矮小，生长势衰弱。

防治方法：与禾本科作物轮作，挑选无根瘤的种根移植留种，种植前半月用石灰氮处理土壤。

百 合

【基原】

本品为百合科植物百合 *Lilium brownii* F. E. Brown var. *viridulum* Baker 的干燥鳞茎。

【适宜生境】

百合喜阳光，耐湿、耐干旱，在凉爽干燥的地带生长最好，生长的适宜温度为 15℃～ 25℃，地下部分能够在 -10℃的条件下安全越冬。百合的生长对土壤的要求不是很严格，一般排水良好的沙壤土和黏土均可栽培。

【栽种技术】

一、生长习性

生育期可以分为越冬盘根期、春后长苗期、现蕾开花期和鳞茎生长期。鳞茎卵状球形，高约 1.5cm，直径约 2cm；花期 6 ～ 7 月，果期 8 ～ 9 月。8 月中旬地上部分进入枯萎期，鳞茎成熟。6 ～ 7 月为干物质积累期，花凋谢后进入高温休眠期。

二、繁育方法

百合分无性繁殖和有性繁殖。无性繁殖方法有大鳞茎分株繁殖、鳞片繁殖、小鳞茎繁殖和株牙繁殖等。

三、栽种方法

1. 选地整地 选择排水良好、土层肥沃的沙壤土，不可连续耕种，前期作物最好是豆类植物，若为禾本科作物则基肥用量要增多。深翻 25cm 以上，每亩可施腐熟厩肥或堆肥 2000kg、过磷酸钙 50kg，整细耙平，做宽 100 ～ 150cm 的高畦，畦面呈瓦背形，畦间留 30 ～ 50cm 的作业道，开好排水沟。基肥不可与种球直接接触，防止种球腐烂。

2. 播种

（1）大鳞茎分株繁殖法：选择由数个（3 ～ 5 个）围主茎轴带心的鳞茎

聚合而成的大鳞茎，选出后，用手掰开作种。此类鳞茎个头较大，不需要培育就可以栽于大田，第二年 8 ～ 10 月份可收获，此法是产区最常用的繁殖法。

（2）小鳞茎繁殖法：采收小鳞茎，并进行消毒，栽入苗床。在畦上按行距 25cm、深 3cm 开横沟，在沟内每隔 6 ～ 7cm 摆放一个小鳞茎，保湿保温。经 1 年培育，一部分可达种球标准。较小者，继续培养 1 ～ 2 年，再作种用。

（3）鳞片繁殖法：此法为繁殖系数最高的方法。秋季，植株的地上部分枯萎时，采挖鳞茎充实、肥厚的鳞片在 1∶500 的多菌灵或福美双水溶液中浸泡 30min，取出阴干，播种于肥沃的沙壤土苗床上。播种温度控制在 20℃左右，当年生根，次年春季即可萌发成幼苗。用此法繁殖，培育成商品百合需 2 ～ 3 年，每亩约需种鳞片 100kg，培育出的种鳞茎可种大田约 15 亩。

（4）鳞心繁殖法：鳞茎收获后，大鳞茎外片留作药用，直径在 3cm 以上的鳞心可留作种用，随剥随栽。上年秋季栽种，翌年 8 ～ 10 月份收获。连续繁殖 4 ～ 5 年后，必须更新繁殖材料。

（5）珠芽繁殖法：百合在茎秆下部的叶腋处可长出珠芽，一般在夏季成熟未自然脱落前采集，将其与湿润的河沙混合好后，贮藏于阴凉通风处。9 月下旬至 10 月上旬，按行距 12 ～ 15cm 开 4cm 深的播种沟，沟内每 4 ～ 6cm 播珠芽 1 枚，播后覆土 3cm 左右。地冻前培土覆草盖膜，以利安全越冬。第二年春季出苗时去除覆盖的草和膜，中耕除草，适当追肥浇水，促使秧苗旺盛生长。秋季，地上部分枯萎后挖取小鳞茎，再按行距 30cm、株距 9 ～ 12cm 播种，覆土厚约 6cm，按上一年的管理方法再培育 1 年，秋季即可收获达到标准大小的种球，部分未达标的小鳞茎可继续培育。

（6）种子繁殖法：8 ～ 9 月份采收成熟果实，经后熟开裂后，除去外壳，晾干种子，储藏备用，可以秋播和春播。在三四月份一般进行春播。在整好的苗床上按 10 ～ 15cm 播种，沟深 2 ～ 3cm、宽 5 ～ 7cm，将种子均匀播于沟内，盖一层薄土，上面盖草保温保湿。出苗后揭去盖草，培植三四年，即可采挖，大的作商品，小的作种。

3. 定植 百合的栽种一般在9月，选择抱合紧密、无破损、无病虫害的百合鳞茎作种，按大小分档。一般每亩用种量为300～400kg，临栽种时可用50%多菌灵或甲基托布津可湿性粉剂1kg加水500倍，或用20%生石灰水浸种15～30min，晾干后播种。也可将杀虫药加土搅匀后，撒在种球上，然后再盖土。栽种密度的株行距为25cm×15cm，种植深度根据种鳞茎大小而定，小的3～5cm，大的5～8cm。栽植前先按行距开挖9～12cm的沟，锄松沟底土，将种鳞茎底部朝下摆正，覆土。盖草防冻和保持土壤湿润，以利于发根生长。

四、田间管理

1. 前期管理 百合在出苗后，要用稻草等作物进行覆盖，防止大雨对幼苗的冲刷，并可以预防由于夏季高温造成的百合腐烂。在苗出齐后要进行除草，百合在开花后进入休眠期，此时不需要除草。在除草时要浅耕，不能伤及鳞茎。

2. 中期管理 5月上中旬，百合开始进行生殖生长，此时应加强田间管理，注意排水，降低土壤的湿度；及时摘除花茎，促进鳞茎的生长；不要施加氮肥，因为氮肥会促进茎叶生长，从而影响地下鳞茎的生长。

3. 后期管理 5月下旬，株芽成熟时，要及时摘除株芽，在摘除株芽时，注意不要把植株折断，在多雨的天气要注意排水。

4. 追肥 在早春前后进行第一次施肥，选择晴天时施肥，每亩施氮磷钾复合肥40～50kg。在4月上旬左右进行第二次施肥，每亩施氮磷钾复合肥40～50kg。在开花、打顶后再适量补施速效肥，每亩施碳氨10kg，同时在叶面喷施0.2%的磷酸二氢钾。

【病虫防治】

一、病害

1. 叶斑病 百合叶斑病主要危害百合的茎、叶，叶片受害后出现圆形病斑，微下陷。随着分生孢子的大量出现，叶片呈深褐色或黑色，严重时叶片枯黄。如果病斑发生在茎部，会使茎秆变细，严重时腐烂而死。

防治方法：选用无病鳞茎作种；保持田间通风透光；实行轮作，雨后及时排水，降低土面湿度；播前对土壤和鳞茎进行消毒；发病前后，喷施

1∶1∶100 的波尔多液或 65% 代森锌可湿性粉剂 500 倍液，7 天喷 1 次，连喷 3 ～ 4 次，可控制病害。以上措施还可以兼治百合鳞茎腐烂病。

2. 病毒病 百合花叶的病叶面呈浅绿、深绿相间的斑驳，严重者叶片分叉扭曲，花变形或花蕾不开放。

防治方法：选用健株的鳞茎繁殖，可选用辛菌胺、盐酸吗啉胍、植物链蛋白等药剂防治。

3. 纹枯病 这是由立枯丝核菌侵染引起的一种真菌病害。受害植株根部先枯萎，然后从植株下部到上部叶片逐渐发黄枯死。

防治方法：选择排水良好的土地种植，或做高畦栽培；实行轮作，注意开沟排水，避免积水。

4. 腐烂病 表现为受害植株叶片发紫、发黄，全株很快枯死，鳞茎腐烂呈黑灰色。

防治方法：开沟排水，降低土壤温度，实行轮作，高温时遮阴；发病初期用 50% 代森锰锌喷施。

二、虫害

百合的虫害主要有蛴螬、蚜虫、根蛆和地老虎，危害鳞茎和根。6 月下旬或 7 月中旬最严重。蚜虫常聚生于植株顶端的嫩叶、嫩茎与花蕾上，用口器吸食汁液。叶茎受害后生长缓慢、发黄、变形，生长点矮缩变小。根蛆（种蝇）的幼虫危害鳞茎，导致鳞茎腐烂。

防治方法：施用的有机肥要充分腐熟；用 50% 辛硫磷乳油 1000 倍液浇灌根部。

板蓝根

【基原】

本品为十字花科植物菘蓝 *Isatis indigotica* Fort. 的干燥根。

【适宜生境】

我国大部分地区均可种植，野生于湿润肥沃的沟边或林缘。板蓝根对气候的适应性很强，喜光照充足、肥沃的土壤，怕积水。板蓝根对土壤的要求不高，以沙质壤土或壤土栽培最好。

【栽种技术】

一、生长习性

板蓝根的种子易萌发，对温度的要求较低，在 20℃左右萌发最快、发芽率最高。在种子发芽时，土壤中的水分以 55% ～ 65% 最佳。土壤深厚松软、通气良好、肥沃利于根系的生长。

二、繁育方法

主要是种子繁育。收获时选取根系粗壮、无病虫害的植株作为母根。按行距 40cm×30cm，移栽到肥沃的留种地里培植。栽后及时浇水，加强管理。冬季需培土、施肥、防寒。翌年 4 月幼苗返青后及时浇水、松土、除草。不可过量施氮肥，否则茎秆徒长细弱，遇风雨易倒伏，不利于种子的成熟。因此，要配合施用磷钾肥，待种子顺序成熟后，采收晒干脱粒，放置于通风干燥处贮存。

三、栽种方法

1. 选地整地　宜选土层深厚、疏松肥沃、排水良好的土壤。低洼地、积水地或黏质土壤不宜种植。前茬作物收获后及时翻耕，秋耕越深越好，使土壤疏松。

2. 播种　主要采用种子繁殖。

（1）留种：采收时，选择无病虫害、粗壮、不分叉的根留作采种的母根。按行距50cm、株距20～25cm移栽到肥沃的留种地上。11月下旬铺一层厩肥防寒，第二年春天秧苗返青后及时浇水、松土、施肥，以促使幼苗生长旺盛。

（2）采种：5～6月，待角果表面呈紫褐色或黄褐色时陆续采收，晒干脱粒，用麻袋贮藏，放于室内干燥阴凉处。

（3）播种期：分春播、夏播和秋播。春播于3月下旬至4月上旬进行，夏播不迟于6月，秋播在8月中下旬进行。

（4）播种方法：播种前，种子用40℃的温水浸泡4h，捞出后用草木灰拌均匀。在北方种植以春播为好，时间为4月20日～30日。行播时要求宽苗带播种，行宽60cm、株距3～4cm，留成双行拐子苗；畦播的行距20cm、株距7～10cm，每亩保苗40万～50万株。播种时，开2cm深的沟，将种子均匀地撒在沟内，覆土，用脚踩一遍，或用磙子轻压一遍，土壤墒情要达到田间最大持水量的65%～70%，播后7～10天出苗。

四、田间管理

1. 间苗定苗 幼苗长到4～7cm时，将生长较密地方的幼苗移栽到生长稀疏的地方，等苗高长到10cm左右时进行三角形定苗。

2. 除草施肥 在幼苗间苗的同时即可进行锄草，保证田间无杂草。在板蓝根的生长过程中要进行2次割叶，此时植株生长所需的营养较多，在每次割叶时都要进行一次追肥，8月中旬再追施1次粪肥，以促进根部生长。

3. 灌溉排水 生长环境不宜过湿，但在生长后期要保持土壤湿润，以促进养分的吸收。在生长茂盛的5～6月，遇到干旱天气，可以在早上或者晚上进行灌溉。在多雨的季节要做好排水工作，防止烂根现象。

【病虫防治】

一、病害

1. 霜霉病 4～10月发病。主要危害叶片，也可危害茎、花梗和角果。初期叶面有黄白病斑，中后期叶背有灰白色霉状物。随着病情发展，叶色变黄，最后呈褐色干枯而死。

防治方法：注意排水和通风透光，避免与十字花科等易感霜霉病的作物连作或轮作，发病期用70%代森锰锌每亩100～150g兑水50～60kg喷雾防治，每隔 7 天喷 1 次，连喷 2 次。

2. 灰斑病　7 ～ 8 月为发病盛期。主要危害叶片。老叶首先发病，随后新叶、嫩叶开始发病，呈现自上而下的发病趋势。主要表现为发病叶片产生圆形病斑，后期病斑变薄、变脆，最后龟裂或者穿孔，叶片枯死。

防治方法：合理轮作、清洁田园；加强日常管理，封垄前除草 2 次；雨后开沟排水；发病初期喷洒 1∶1∶100 的波尔多液或 50% 代森锰锌 600 ～ 800 倍液等防治 1 ～ 2 次。

3. 黑斑病　该病由多种细菌和真菌引起，主要表现为叶、柄、幼果等部位出现黑色斑片状病损，严重影响植物的生长和产出。

防治方法：收获后清园，加强日常管理，增施磷钾肥；发病初期喷洒 1∶1∶100 波尔多液或 50% 代森锰锌 600 倍液等药剂，视病情喷 2 ～ 3 次。

4. 白粉病　主要危害叶片。6 ～ 7 月发病，低温高湿、氮肥过多、植株过密、通风透光不良等情况下，均易发病。高温干燥时，病害停止蔓延。

防治方法：田间不积水，抑制病害发生；合理密植，配合施用氮、磷、钾肥。发病初期用 65% 福美锌可湿性粉剂 300 ～ 500 倍液喷雾。

5. 菌核病　该病是由核盘菌属、链核盘菌属、丝核属和小菌核属等真菌引起的植物病害。一般在 5 ～ 6 月的高温多雨季节发病，危害全株。先是叶片发病，逐渐危害茎、果实等。茎基部染病，初生水渍状斑，后扩展并呈淡褐色，造成茎基软腐或纵裂，病部表面生出白色棉絮状菌丝体。叶片染病，叶面上出现灰色至灰褐色的湿腐状大斑，病斑边缘与健部分界不明显，湿度大时斑面上出现絮状白霉，终致叶片腐烂。

防治方法：加强日常管理，增施磷钾肥；轮作；发病期间可施用一定的石硫合剂。

二、虫害

1. 菜粉蝶　俗称菜青虫。6 月上旬至下旬危害最重。幼虫危害叶片，造成孔洞或缺刻，严重者只留下叶脉。

防治方法：用杀螟杆菌或青虫菌（每克含活孢子数 100 亿以上的菌粉）2000 ～ 3000 倍液，并按药液量加适量的肥皂粉或茶枯粉等黏合剂；苦树皮 500g，加肥皂 30g，水 15kg，浸 24h，以浸出液喷施；或将苦树皮研成细末，每 500g 加 1.5 ～ 2.5kg 土杂肥，于朝露未干时撒在叶片上。

2. 黑点银纹夜蛾　大多存在于植株茂密、避光的田地内，5 月下旬最多，主要表现为幼虫残害幼苗。

防治方法：用 50% 杀螟松做超低量喷雾，每亩用 150 ～ 250ml 兑水 1000 倍液。

3. 茄跳甲　5 ～ 6 月危害最为严重，主要为成虫咬食叶片，幼虫蛀根。

防治方法：合理安排品种布局，避免与十字花科植物连作，播种前深翻晒地，改变生存环境。

4. 甘蓝蚜　主要危害嫩梢。

防治方法：用 10% 吡虫啉 1000 倍液喷施防治。

北沙参

【基原】

本品为伞形科植物珊瑚菜 *Glehnia littoralis* Fr. Schmidt ex Miq. 的干燥根。

【适宜生境】

北沙参的生长地理范围较广，对气候要求不是很严格。一般在阳光充足、温暖湿润的地方生长得最好，北沙参对土壤要求不严格，干旱、盐碱地都能生长，但怕水涝和连作。北沙参耐严寒，在气温较低的地方也能生长。

【栽种技术】

一、生长习性

北沙参属于两年生草本植物，对土壤要求不是很严格，在一般的沙壤土中均能较好的生长。喜阳光、温暖、湿润的气候，不耐积水，能抗旱、耐寒、耐盐碱，生长温度在 18℃～ 22℃之间，越冬抗寒能力较强。北沙参在不同的生长阶段对温度的要求不同，种子萌发阶段需要低温环境，营养生长期需要温和的气候条件，开花结果期需要较高的气候。冬季地上部分枯萎，地下部分能够安全越冬。

冬季地上部分枯萎，地下根能露地安全越冬。北沙参种子属低温型，有胚后熟特征，胚后熟需在 5℃以下低温，经 4 个月左右才能完成，因此必须经过低温阶段。未经低温阶段的，播种后第二年才能出苗。种子有胚后熟休眠，经 0℃～ 5℃低温处理 120 天，发芽率达 95% 以上。

二、繁育方法

繁育多用种子繁殖。种子成熟时采收，采用当年的种子。在冬播前，对种子进行处理，搓去果翅，放入清水中浸泡 1 ～ 2h，取出堆放在一起，每天翻动一次，水分不足时进行适当地喷水，直至种仁润透。采取春播时，要提前对种子进行低温处理，以利于发芽出苗。如果是干种子要提前进行浸泡，浸泡后与细沙混合，放入冰箱内冷冻，在春天结冻后取出播种。

三、栽种方法

1. 选地整地 土层肥厚、土壤疏松、排水方便的沙壤土、黏土和低洼积水地不宜种植。每亩施农家肥 2000kg、氮磷钾复合肥 40 ～ 50kg 作基肥，深翻 50 ～ 60cm，整细耙平后做 1.5m 宽的畦，四周开好深 50cm 的排水沟。

2. 播种 有窄幅条播、宽幅条播和撒播。大面积栽培多采用宽幅条播。

（1）窄幅条播：按行距 10 ～ 15cm，沟深 4cm 左右，播幅宽 6cm 左右，横向开沟。随后将种子均匀地撒入沟内，覆土，用脚踩平。

（2）宽幅条播：按行距 22 ～ 25cm，开播种沟，沟深 4cm 左右，播幅宽 13 ～ 17cm。播种、覆土、粒距等与窄幅条播要求相同。

（3）撒播：将畦中间的细土向两边散开，开 3cm 左右的沟，将种子均匀地撒在沟内，随后用细土覆盖，推平，稍加镇压即可。播种量依据土壤的水分、土质、灌溉条件等而定。

四、田间管理

1. 除草 早春解冻后，要进行松土，及时清除田间的杂草。由于北沙参属于密植植物，在锄草时易折断茎叶，所以在苗出土后，不宜采用中耕。

2. 间苗定苗 待小苗具 2 ～ 3 片真叶时，按株距 3cm 左右呈三角间苗。苗高 10cm 时定苗，株距 6 ～ 10cm。

3. 水肥管理 生长过程中，如果遇到干旱季节，要及时进行灌溉，保持土壤湿润。在雨水较多的季节，田间易造成积水，要注意做好排水工作。在北沙参的生长过程中，为了保证产量，要进行追肥处理，6 月中旬每亩追施氮磷钾复合肥 40 ～ 50kg，以后酌情追施。

4. 摘蕾 非留种田，应及时摘除花蕾。

【病虫防治】

一、病害

1. 根结线虫病 主要危害根部，病原线虫寄生在根皮与中柱之间，使根组织过度生长，形成大小不等的根瘤。

防治方法：加强种苗检验和培育无病种苗；加强肥水管理；土壤沙质较重时，逐年改土；忌连作，可与禾本科作物轮作；不选在前茬是花生等豆类作物的土地上种植；可用菌线威 3500 ～ 7000 倍液浇灌植株基部进行防治。

2. 北沙参病毒病 5月上中旬发生，较易发生在种子田。发病植株叶片皱缩扭曲，生长迟缓，矮小畸形。

防治办法：选用无病植株留种；彻底防治蚜虫、红蜘蛛等病毒传播者。

3. 锈病 7月中下旬开始发生，是由锈菌目的真菌所引起的各种破坏性的植物病，特征是在茎、叶或其他部分出现损害性的红褐色斑点，散出大量棕褐色呈粉状的夏袍子。严重时使叶片或植株早期枯死。

防治办法：收获后清理园地，特别种子田要彻底清理干净，集中烧毁病残体；增施有机肥、磷钾肥，以增强植株抗病能力；发病初期可喷25%粉锈宁可湿性粉剂1000倍液，或波美0.2～0.3度石硫合剂。

二、虫害

1. 钻心虫 又叫三化螟、二化螟，幼虫钻入植株各个器官内部，导致中空，不能正常开花结果，每年发生多代，对栽培2年以上的植株为害严重。

防治方法：7～8月进行灯光诱杀；在幼虫孵化期用0.3%苦参碱乳剂800～1000倍液，或天然除虫菊素2000倍液喷雾防治，在钻心虫发生期用氯氰菊酯或氯虫苯甲酰胺悬浮剂1000倍液喷雾防治，7天喷1次，连喷1～2次。

2. 蚜虫 蚜虫为瓜蚜，又称腻虫或蜜虫等，是危害植株茎叶的害虫，主要是胡萝卜微管蚜，年发生2～3代，5月下旬为高峰期。

防治办法：前期蚜虫量少时，可利用瓢虫等天敌进行自然控制。无翅蚜发生初期，用0.3%苦参碱乳剂800～1000倍液或天然除虫菌素2000倍液等喷雾防治。根据虫害发生的程度，可选择化学药剂防治：用10%吡虫啉可湿性粉剂1000倍液或15%吡蚜酮2000倍液等交替喷雾防治。

3. 黑绒金龟子 主要在苗期为害。

防治方法：人工捕杀或每亩用50%辛硫磷乳油0.25kg拌细土30kg撒施。

薄　荷

【基原】

本品为唇形科植物薄荷 *Mentha haplocalyx* Briq. 的干燥地上部分。

【适宜生境】

薄荷的生长适应性较强，耐寒耐热，但不耐涝，在海拔 2000m 下均能生长。薄荷对土壤的要求不高，在一般的土壤中均能生长，以沙壤土中生长得最好。

注意：随着海拔的升高，湿度的加大，薄荷油和薄荷脑的含量会降低，降低薄荷质量。

【栽种技术】

一、生长习性

薄荷又称鱼香草，为唇形科多年生草本植物，是一种生长在低地、路边、河滩、湖边以及园地等处，可以药食兼用的野菜，广泛分布于全国各地，在大多数地区都有栽培。实生苗当年即可开花结果，根茎宿存过冬。根茎在 5℃～6℃时萌发出苗，植株生长的适宜温度为 20℃～28℃，地下根茎在 -28℃～-20℃的温度下仍可安全越冬。低温稳定在 2℃～3℃时，地下茎开始萌发；气温低于 10℃时，地上部分停止生长；气温低于 0℃时，地下茎进入越冬休眠期。薄荷对土壤的要求不严，一般以土壤的 pH 值为 6.5 ～ 7.5 为宜。

二、繁育方法

薄荷多采用根茎繁育和种子繁育。薄荷品种容易退化，应做好留种、选种工作，常用方法有：

1. 片选留种（去劣量优法） 品种优良植株占大多数的薄荷，只有少量混杂退化，可以在除草时直接拔去野生种或者混杂种，同时将病苗、劣苗拔除，遇到稀疏的部分要及时进行补苗。

2. 复茬留种 适用于混杂、退化严重的田块，于4月下旬在大田中选择健壮且不退化的植株，株行距15cm×20cm。选取合适的种田，加强管理，以供种用。

3. 择优移苗法（又叫选优法） 当劣株占大多数时，可在苗高15cm左右时，将优良品种带土挖走，移栽到另一块大田中，作为良种。翻耕余下之劣株，改种其他作物。

三、栽种方法

1. 选地整地 选择肥沃、排灌方便、阳光充足、近年内未种过薄荷的沙壤土。第一次收获后，每亩施优质有机肥4000～5000kg、尿素20～25kg、三元复合肥50～60kg、硼镁锌复配微肥4～5kg等作基肥。

2. 播种育苗 有散播、条播和穴播三种，主要以条播为主。在整理好的畦面上开行距25～30cm、深8～10cm的条沟，把准备好的良种均匀地撒入沟中，覆土压实。在较干旱的地区，土壤的含水量较低，播种时要挖深一些，也可以先灌溉，等土壤湿润后再进行播种，或者播种后再灌溉。

3. 育苗移栽 一般在4月上旬进行，早栽生根快、发芽多，且根、芽粗壮。播种时，必须做到挖根、开沟、撒根、覆土一起完成，并将已播种完毕的畦面压实，使种根与土壤密切接触，以防土壤架空而使种根失水干枯。薄荷根茎刨出后，选择茎节短、肥大、黄白色的新根，剪成6～10cm的小段，每段要有3～4个茎节。在畦内按行距30～35cm，开5～6cm深的沟，将根茎按17～20cm一穴、每穴2～3株栽到沟里，然后盖上踏实，并立即浇水。栽种后覆土，反复耙耱，以防架空不实，冷风入侵，冻死根茎。

四、田间管理

1. 定苗除杂 去除野杂薄荷植株连根挖起，随后把过密处的幼苗移栽到缺苗的地方，移栽后立即浇水，防止因含水量不足而导致移栽的幼苗成活率低。在挖苗时应从根处挖，尽量避免对临近植株的牵动，起苗后留下的洞穴要用泥土填满，以免影响临近植株的生长。在除杂时，要准确掌握所需薄荷的形态，避免混淆。

2. 除草 在薄荷种植行间进行中耕除草、在株间人工除草，从而保墒、增加环境温度和地温、消灭杂草，促进薄荷苗生长。在收割时再进行一次除草，避免在收割时引入杂草，从而影响薄荷油的质量。

3. 追肥　第一次收获的薄荷生长时间长，一般在 140 天左右，在生长时需要大量的肥料，除在播种时施足基肥外，在生长过程中还要根据其生长状况追肥 2 ～ 3 次，每次每亩施尿素 5kg 左右，追肥的用量和种类要根据播种品种、土壤和种植方式而定。第二次收获的薄荷由于生长周期短，施肥时应该采取先重后轻的原则。就施肥的总体而言，一般采用两头轻、中间重的方法，即在苗期和后期采收前后的时期施肥量少，在生长旺盛期要多施肥，以保证产量。

4. 轮作换茬　如连年耕种薄荷，会导致严重的病虫害和杂草。此外，薄荷的生长和薄荷油的形成过程中对土壤中的元素具有选择性，连作的土壤营养元素发展不均衡，会导致薄荷产油量低、品质差，应每年更换种植品种，若连作则最多不能超过 2 年。

5. 排灌　每次施肥后要及时灌溉。在薄荷的生长旺盛期，水、肥都要充足，否则会影响产量。在高温季节，要及时补充田间水分，保持土壤湿润。在多雨季节要做好排水工作，防止因积水导致的根部腐烂，从而影响产量。收割前 20 ～ 30 天应停止灌水，防止收割前植株贪青返嫩，影响产量及质量。

【病虫防治】

一、病害

1. 薄荷锈病　属担子菌亚门真菌，主要危害叶片和茎。叶片染病初期在叶面形成圆形至纺锤形黄色肿斑，后变肥大，内生锈色粉末状锈孢子，后又在表面生白色小斑，夏孢子呈圆形、浅褐色，秋季在背面形成黑色粉状物，即冬孢子，严重的病部肥厚畸形，叶片枯萎脱落，以致全株枯死。该病发生在 5 ～ 10 月，多雨季节易发病。

防治方法：在播种前用 40℃热水浸泡种根 10min；加强田间通风，降低株间湿度，发现病株应及时拔除烧毁；发病期间用 20% 三唑酮乳油 1000 ～ 1500 倍液防治。

2. 薄荷斑枯病　又称白星病，是一种危害叶片的病症，多发生在夏季。发病初期，叶片出现暗绿色的小圆形病斑，随着病症的加剧，病斑不断扩大，呈暗褐色，中心变为灰白色，最终导致叶片枯萎脱落。

防治方法：轮作；发病初期及时摘除病叶烧毁，用 70% 代森锰锌 600 倍液喷洒。

3. 白粉病 薄荷白粉病是薄荷植株的一类疾病，主要危害叶片和茎，叶两面生白色粉状斑，存留，初生无定形斑片，后融合，或近存留，后期有的消失。发病后，叶片、叶柄甚至茎秆上出现白色粉末。受害植株的生长受限，发病严重时，直接导致叶片枯黄、脱落，最终整个植株枯萎。

防治方法：种植薄荷的田地应尽量远离瓜、果（如南瓜、黄瓜、梨等）地；用生石灰 5kg、硫黄粉 10kg、水 65kg，先煮成原液或母液，应用时加水稀释成 1000 倍液喷洒。

二、虫害

1. 小地老虎 主要危害幼苗，造成出苗不齐。

防治方法：用 40% 菊马乳油或菊杀乳油 2000 ～ 3000 倍液喷撒。

2. 银纹夜蛾 银纹夜蛾的幼虫咬食叶片和花蕾，造成叶片残缺。

防治方法：用 50% 抑太保乳油 1500 倍液喷洒，或 20% 氯虫苯甲酰胺 3000 倍液等喷雾防治。收割前 20 天停止用药。

3. 薄荷根蚜 主要危害薄荷根部，导致植株由绿色变成黄色，外观表征类似缺肥症状。

防治方法：用 10% 吡虫啉可湿性粉剂 1000 倍液或啶虫脒乳油 1500 倍液喷雾防治。

苍 术

【基原】

本品为菊科植物茅苍术 *Atractylodes lancea*（Thunb. ）DC. 或北苍术 *Atractylodes chinensis*（DC）Koidz. 的干燥根茎。

【适宜生境】

北苍术多野生于海拔 800 ～ 1850m 的丘陵、杂草或山阴坡的疏林边，因怕强光和高温、高湿，且耐寒力较强，其幼苗能承受 -15℃左右的低温，故喜凉爽、温和、湿润的气候。生长期的温度适宜在 15℃～ 25℃。一般土壤均可种植，但以排水良好、土层深厚、疏松肥沃、富含腐殖质、半阴半阳的沙质壤土地栽培为宜。

【栽种技术】

一、生长习性

苍术（北苍术）种子一般在 2 月中旬到 3 月上旬萌发，在 3 月中旬至 4 月上旬时长出幼苗，随后便进入营养生长期。一年生植株不会抽薹开花，个别抽薹开花的植株会在 8 月孕蕾，并于 11 月中旬到第二年的 3 月中旬进行休眠。第二年于 3 月中旬至 4 月上旬为出苗期，4 月中旬至 6 月中旬为营养生长期，6 月下旬至 8 月中旬为孕蕾期，7 月中旬至 9 月上旬为开花期，9 月中旬至 10 月上旬为结果期，之后地上部分开始枯萎，进入休眠期。

二、繁育方法

苍术主要是种子繁育和根茎繁殖两种。

可以在果实成熟后采集果实作为种子，也可选择根、茎，进行去须、消毒、切制处理后栽种或适当贮藏备用。一般在 10 月采集果实。将地上显黄的部分割下收集放置好，待其地上全部显黄时，说明其果实已全部成熟，此时可以脱粒取种。选择颗粒饱满、色泽鲜艳、成熟度一致且无病虫害的种子为宜。

根茎繁殖则应选择没有病害损伤、健壮者，剪去多余的须根，用多菌灵1000倍液喷雾对其进行消毒处理。然后按自然节纵切，自然晒晾半天至1天，用草木灰拌种。若已按上述过程处理，但不能立即栽种，可用一层根茎、一层黄沙堆积的方法进行贮藏备用，且中央需要留通气孔，高度不能超过1m，防止其发热腐烂。

三、栽种方法

1. 选地整地 应选择半阴半阳的荒山或荒坡地，土壤以疏松、肥沃、排水良好、荫蔽度在30%的沙壤土地或腐质土地为宜。黏性、低洼、排水不良的地块不宜种植。忌连作，可与玉米套种，但前茬作物以禾本科植物为佳。

秋季或春季进行深翻，以30～40cm为宜。随翻地每亩随施腐熟粪肥2000～2500kg，混匀、整平耙细。起垄做畦，畦高20～30cm、宽130～140cm、间距40cm，畦长根据地势而定。

2. 播种

（1）种子直播：4月初开始播种，一般地温稳定在12℃以上。播种方式为条播，每亩用种量2～3kg，每畦4垄，深3cm，播后覆1～1.5cm的细土，上边盖一层稻草或松针。苗期要经常浇水，使土壤保持湿润。出苗后要去掉盖草。定苗一般在苗高10～15cm时结合除草进行，株行距15cm×30cm。干旱时3～5天浇一次水，使土壤保持湿润；多雨季节要及时排水。

（2）育苗移栽：4～5月份播种，每亩用种10～15kg，株行距35cm×10cm，播种深度3cm，覆土1～1.5cm，上盖稻草或松针，适时浇水，使土壤保持湿润，忌积水。第二年春季4～5月份进行移栽，株行距15cm×30cm，栽后盖严土压实。每亩育苗地可栽种8～10亩大田。

四、田间管理

1. 除草 幼苗期应勤除草松土，将杂草、弱苗和密苗除掉。

2. 合理灌溉 若天气干旱要及时灌溉，根据土壤墒情一般3～5天浇透一次水，保持地面湿润，便于出苗。浇水的时间不可选在中午，早晚浇水最为合适。多雨季节要及时清理畦沟，排除畦沟中的积水，以免使幼苗根部因缺氧而烂根，且每天早上露水未干时或雨后不可进地。

3. 追肥 一般在每年5月份，小苗5～7cm时追第一次肥，结合浇水每亩追施有机肥50kg，促进营养生长阶段的生长。7月进行第二次追肥，结合浇水，每亩施有机肥30kg，促进生殖生长，使籽粒饱满和后期根茎生长。

4. 除花蕾 在7～8月植株抽薹开花时，对非留种地的苍术植株可适当摘除花蕾，以利地下根茎生长。摘蕾的时间要在现蕾初期，将花蕾剪除，共摘3次，不能太早也不能太迟，过早则影响植株生长，过迟则消耗养分太多，影响茎根生长。

5. 清洁田园 秋季植株枯萎后，及时进行清园。

【病虫防治】

一、病害

1. 黑斑病 发病时从基部叶片开始，一般从叶尖或叶缘开始，最后两面都出现黑色霉层，且扩展迅速。发病初期，病斑呈圆形或不规则形，后期病斑逐渐连成片，呈褐色，并逐渐由基部向顶部蔓延，直至叶片全部枯死脱落。

防治方法：选种时要选健壮种苗栽培；对于已染病的药田，首先要销毁病株，并对病穴撒石灰进行消毒，并用25%嘧菌脂1000～1500倍液和25%苯醚甲环唑乳油2500倍液7～10天喷1次，连喷2～3次；轮作，不可同感病的药材或茄科、豆科及瓜类等植物连作。

2. 根腐病 一般在雨水充沛季节，在地势低、易积水的地段易发生。本病主要危害植株的根部。

防治办法：选用无病种苗，用50%多菌灵100倍液浸种，浸种时间一般为4～6h，浸泡完成后再栽种；在植株生长旺盛阶段要注意排水，防止土壤和积水板结；发病期用50%甲基托布津稀释850倍液或30%甲霜恶霉灵水剂1200～1500倍液进行浇灌；轮作。

二、虫害

蚜虫 成虫和幼虫吸食植株茎、叶的汁液，在苍术的整个生长发育过程中均易发生，4～6月危害最重。

防治方法：在发生期用5%的吡虫啉2000～3000倍液进行喷洒治疗，约1周1次，连续喷洒2～3次，或直至无虫害为止。

柴 胡

【基原】

本品为伞形科植物柴胡 *Bupleurum chinense* DC. 或狭叶柴胡 *Bupleurum scorzonerifolium* Willd. 的干燥根。

【适宜生境】

柴胡喜温暖湿润、阳光充足、营养丰富的环境，耐寒、耐旱、怕涝，适应性强，以土壤疏松、肥沃、土层深厚的夹沙地为佳。常野生于海拔 1600m 以下的山区、丘陵的荒坡、草丛、路边、林缘和林中隙地。

【栽种技术】

一、生长习性

柴胡为伞形科多年生草本植物，株高 45 ～ 80cm。丛生，叶互生。

柴胡有南北之分，柴胡（北柴胡）和狭叶柴胡（南柴胡）两个品种的种子均在 18℃开始发芽。温度较低时，植株的生长速度随气温升高而加快；但当温度高于 35℃时，植株生长受到抑制。一般 6 ～ 9 月生长最快，根的生长速度在后期增快。

二、繁育方法

柴胡的繁育方法多采用种子繁育。因柴胡的花期和果期时间较长，故采收的种子大小和成熟度存在较大差异，种子的发芽率为 35%～ 45%。

1. 选种留种 选择植株粗壮、生长形态一致的药田留种。所选药田不摘除花蕾，以提高种子产量。种子的收获时间为每年的 8 ～ 10 月，当种子表皮变为褐色、子实变硬时，即可收获。由于柴胡植株的开花时间不同，种子的成熟时间也不同，种子随熟随落，不易收集，所以种植时要注意增大留种面积，保证种子产量，尽量做到随熟随采。

2. 种子处理 由于种子发芽率较低，为了提高柴胡种子的发芽率，在播种前可对种子进行处理。常用的处理方法如下。

（1）沙藏处理：用 30℃～ 40℃温水浸种 1 天左右，除去瘪粒，将 3 份湿沙与 1 份种子混合，将温度调至 20℃～ 25℃后催芽 10 ～ 12 天，当一部分种子出芽后，即可去掉沙土播种。

（2）药剂处理：用 0.85% ～ 1% 高锰酸钾浸种，取出冲洗干净后播种。

三、栽种方法

1. 选地整地

（1）直播地：宜选土层深厚、疏松肥沃、pH6.5 ～ 7.5 的夹沙土或沙壤土，药田要避风向阳、地势平坦、排灌方便。低洼易涝地段、盐碱地、黏重土壤不宜种植。深翻 30cm 以上，整平耙细，每亩施入腐熟厩肥，堆肥 1500kg、硫酸钾型复合肥 15 ～ 20kg，并于药田的四周开排水沟。

（2）套种地：前茬作物为玉米的壤土或沙质壤土种植为佳。高粱、谷子、大豆地亦可。

2. 播种　主要采用种子直播和玉米套种。

（1）种子直播：适于小面积种植。一般在 3 月下旬至 4 月上旬，此时土壤表层温度稳定在 10℃以上。先按行距 15 ～ 18cm 开 1.5cm 浅沟，然后将种子均匀地撒入沟内，覆盖薄土，浇透水，再覆草以保温保湿，用种量每亩为 2.5 ～ 3kg。

（2）玉米套种：播种时间为 6 月下旬至 7 月下旬。宁可播种后等雨，不要等雨后播种。柴胡种子的每亩用量为 2.5 ～ 3kg，用工具顺行浅锄一遍，然后按行距条播，播后不必盖土。由于套种田遮阴，因而普遍出苗整齐。

四、田间管理

1. 间亩定苗　直播地，在幼苗长至 3 ～ 5cm 时进行间苗，苗高 5 ～ 7cm 时按株距 3 ～ 4cm 定苗。套种的柴胡在前茬作物收获后，进行一次间苗，留苗株距 3 ～ 4cm，每亩留苗 8 万～ 10 万株。

2. 施肥　在柴胡的第一年营养生长期，追肥以氮肥为主，定苗后施清淡腐熟粪水 1 次，之后每年追肥 1 ～ 2 次，每次每亩施磷钾肥 15 ～ 20kg，追肥后要浇水。

3. 除草　苗期要勤除草，做到田间无杂草。之后的每年春季，在柴胡返青后浅锄一遍，起到除草、保墒双效；5 月以后，随着柴胡秧苗长大，田间封垄，就可抑制杂草生长，不用下锄。套种的柴胡，在前茬作物收获后，根据田间苗情中耕一遍；如果田间苗小，人工拔除田间杂草即可。

4. 灌溉排水 苗期要经常浇水保湿。多雨季节应及时排除积水，防止烂根。

5. 割薹促根 除留种的药田外，应于第二年割薹。在6月下旬割薹，此时植株已至抽薹开花初期，此时将植株茎叶割去，留茬高度在15cm左右。去除花蕾，可以减少植株的营养消耗，促进根系生长。

【病虫防治】

一、病害

1. 根腐病 多发于高温多雨季节。发病初期，个别侧根、须根变色，后扩散至主根，终至全部腐烂，最后植株大面积枯死。

防治方法：定植时严格剔除病株、弱株；收获前增施磷肥、钾肥，增加植株抗病能力；忌连作，可与禾本科植物轮作，注意开沟排水；可用50%甲基托布津1000倍液灌根。

2. 锈病 由真菌引起，主要危害叶片，感病叶片背面稍稍隆起，后期破裂散出橙黄色的孢子。

防治方法：用25%粉锈宁可湿性粉剂1000倍液喷雾防治。

3. 斑枯病 通常发生在雨季。

防治方法：用1∶1∶120波尔多液或50%退菌特可湿性粉剂1000倍液喷雾防治。

二、虫害

防治方法：黄凤蝶、赤条蝽选用5%高效氯氰菊酯乳油1500倍液或1.8%阿维菌素乳油2000倍液喷雾防治2～3次；蛴螬、地老虎、金针虫等地下害虫，可用50%辛硫磷乳油800倍液灌根。

赤　芍

【基原】

本品为毛茛科植物芍药 *Paeonia lactiflora* Pall. 或川赤芍 *Paeonia veitchii* Lynch 的干燥根。

【适宜生境】

赤芍喜气候温和、阳光充足、雨水适量的环境，既能耐热，又能耐寒。川赤芍主要生长在海拔 1400m 以上的高山、峡谷。野生芍药主要分布于北方，生长在海拔 1000 ～ 1500m 的山区或平原地区的天然植物群落中。喜湿润，但怕水涝，水淹 6h 以上，植株会死亡，故土壤积水或雨水过多不利于其生长。对土壤要求不高，以土质肥沃疏松、土层深厚、排水良好、含腐殖质的沙质壤土为好，pH 中性或稍偏碱性均可。

【栽种技术】

一、生长习性

本品为多年生宿根植物，4 月露芽出苗，4 ～ 6 月生长最旺盛，5 月上旬现蕾，6 月上旬为开花期，9 月左右种子成熟，根部此时膨大最快，有效成分的积累也在此阶段达到高峰。此后，地上部分枯萎，植株进入休眠期。种子发芽需要低温条件，即在秋天播种经越冬低温条件，打破胚的休眠，翌春才能出苗。

二、繁育方法

赤芍主要有 2 种繁殖方式：种子繁殖和芽头繁殖。由于种子繁殖生产周期长，一般要 5 年以上才能收获，生产上多不采用，主要采用芽头繁殖。

1. 种子繁殖　待种子成熟后采下健壮植株的种子，随采随播，否则一经干燥，发芽力会大幅度降低；若需储存，则要用 3 倍湿沙与种子混拌储藏，储藏时间不能超过 1 个月。在畦面开横沟，行距 22 ～ 25cm，沟宽约 12cm、深 5 ～ 7cm，将种子均匀播撒，在其上覆土约 6cm，稍加镇压，上面可盖一层厩肥，起到保种越冬的作用。在过于寒冷地区，畦面可适当盖秸秆，翌春出苗后揭去，在苗圃培育 2 ～ 3 年，才可出圃定植，苗期要勤除草、施肥。

2. 芽头繁殖

（1）芽头的选择：将芽头以下的粗根切下入药，将芽头按自然生长的形状切开，厚 2 ～ 3cm，每块保留 2 ～ 3 个芽头，将多余的芽头切除，然后将切块直接栽种于土内。

（2）芽头的栽种：在每年的 8 ～ 9 月栽种，不宜过晚，否则会发新根，栽种时易断。且栽种过晚，气温降低，影响生根速度，进而影响翌年的生长。

三、栽种方法

栽培前，要对土地精耕细作，地块四周要开渠，利于排水。栽种时间为 8 月 20 日～ 9 月 10 日，若想缩短种植年限，可采用芽头种植。

1. 大垄栽培 垄上开沟，行距 50cm，株距 30cm，芽头朝上，并用少量土固定，施饼肥、腐熟厩肥，覆土后稍加镇压。

2. 畦面开穴种植 为提高土地利用率，增加产量，可每亩栽 4000 ～ 4500 株，一般每亩芍药根头可栽种 3 ～ 5 亩芍药，行株距要因地而异，可适当合理密植。

四、田间管理

1. 除草 1 ～ 2 年生的幼苗，生长缓慢，且此阶段根纤细、入土浅，易滋生杂草，故要勤除草。第 3 ～ 4 年除草次数渐减少，每年 2 ～ 3 次，主要于春、夏季进行。

2. 追肥 自栽种第 2 年起，于每次除草后进行追肥，每年 3 ～ 4 次。进入生长旺季后，要加施有机肥；在根部生长旺季，要加施磷钾肥；冬季地上茎叶枯萎后，追施有机肥，既可增强肥力，又可保温。

3. 培土灌溉 每年冬季要进行清园，同时要加施有机肥。每年冬季培土 1 次，以保证植株安全越冬；在开春后，把根际培土扒开，露出根的上半部，晒 1 周左右，再覆土盖严，使须根蔫死，促进主根生长。夏季天气炎热，适当培土防旱，并浇水灌溉。雨季要勤于清沟排水，防止水涝。

4. 摘蕾 除留种地外，其余地摘除全部花蕾，以减少养分的消耗，以利根的生长。

【病虫防治】

一、病害

1. 灰霉病 危害叶、茎、花等部位。染病叶片的叶尖部出现圆形、淡褐色病斑，继而出现灰色霉状物。

防治方法：发病初期喷施 1：1：100 的波尔多液，每 7～10 天喷 1 次，直到清除为止；冬季清洁田园，集中销毁残枝枯叶；多雨季节及时排水，改善田间通风条件；施加磷钾肥，以增强植株抗病能力。

2. 锈病 是由一种真菌引起的病害，危害叶片。叶片染病初在叶面形成圆形至纺锤形黄色肿斑，后变肥大，内生锈色粉末状锈孢子，然后又在表面生白色小斑，夏孢子圆形浅褐色，秋季在背面形成黑色粉状物，即冬孢子，严重的病部肥厚畸形，叶片枯萎脱落，以致全株枯死。通常于 5 月上旬开花后发病，7～8 月发病最为严重。

防治方法：清除种植地附近的松柏类植物，减少病菌的寄主；发病初期喷施甲基托布津 500 倍液或波美 0.3～0.4 度石硫合剂；冬季清洁田园，集中烧毁病残株。

3. 软腐病 主要危害种芽，一般发生于种芽堆藏期间和芍药加工过程中。

防治方法：种芽用波美 5 度石硫合剂喷洒消毒灭菌；在加工时注意防止霉烂。

4. 红斑病 危害植株叶片和绿色茎。

防治方法：增施有机肥和磷钾肥，以增强植株抗病能力；在芍药发芽后到开花前这段时间内，喷 65% 代森锰锌 500 倍液或 50% 甲基托布津 1000 倍液，间隔 10 天喷 1 次，连喷 2～3 次；清除病枝残叶。

5. 叶斑病 危害叶片，一般于夏秋季节发生。

防治方法：于发病初期喷施 800～1000 倍代森锰锌溶液或 1：1：100 的波尔多液，每隔 7～10 天喷 1 次，直到清除为止。

6. 褐斑病 主要危害叶片、叶柄和茎部，多于夏季发病。

防治方法：于发病初期用 65% 代森锰锌 500～600 倍液喷雾或

1∶1∶100 的波尔多液灭杀，每次用药间隔 7 ～ 10 天，持续至 9 月；加强田间的日常管理，及时排除田间积水，降低田间湿度，合理种植。

二、虫害

主要有扁刺蛾、线虫、蛴螬、地老虎、蝼蛄等。线虫系根结线虫，对芍药危害比较严重，且传播性强；蛴螬、地老虎、蝼蛄危害植株的根部，造成伤口，进而引发软腐病。扁刺蛾以幼虫蚕食叶片。

防治方法：可选用 20% 氯虫苯甲酰胺 3000 倍液，或用辛硫磷等在扁刺蛾幼虫发生期喷洒；蛴螬的盛发期为 7 ～ 8 月，可用 50% 辛硫磷颗粒剂与沙土或有机肥混合成毒饵，均匀撒施，然后深锄；地老虎、蝼蛄等可按照常规方法进行防治。

大青叶

【基原】

本品为十字花科植物菘蓝 *Isatis indigotica* Fort. 的干燥叶。

【适宜生境】

大青叶原植物菘蓝，在我国大部分地区均有种植。其适应性较强，喜温和、湿润气候，喜光，喜肥，耐寒，怕洪涝。对土壤要求不高，以土层深厚、肥沃、疏松的沙质壤土或壤土栽培为好，低洼积水地不宜种植。野生于湿润、肥沃的沟边或林缘。

【栽种技术】

一、生长习性

菘蓝种子在 15℃～30℃条件下即可萌发，在 20℃左右时，种子发芽最快、发芽率最高。种子发芽及出苗期间，田间最佳持水量为 55%～65%。菘蓝属深根系植物，根系由主根、侧根、支根、根毛等部分组成，根系生长的环境以土壤深厚松软、通气良好、水肥适宜最佳。

二、繁育方法

主要是种子繁育。收获时选取根系粗壮、无病虫害的植株作为母根。按行距 40cm×30cm，移栽到肥沃的留种地里培植。栽后及时浇水，加强管理。冬季需培土、施肥防寒。翌年 4 月幼苗返青后及时浇水、松土、除草。不可过量施氮肥，否则茎秆徒长细弱，遇风雨易倒伏，不利于种子的成熟。因此，要配合施用磷钾肥，待种子顺序成熟后，采收晒干脱粒，放置于通风干燥处贮存。

三、栽种方法

（1）播种期　一般在 5 月初种植。

（2）播种方法　多用条播法，每亩播种量为 1.9～2.5kg。按沟深 1.5～2cm、宽 20～25cm 规格开条沟，用水将种子浸后沥干，掺入细土，均匀播撒于沟内，后覆土 1cm 左右。也可做高平畦，高 15 ~ 20cm、宽 50cm，畦与畦之间留 20cm 宽的沟，以备灌水用，畦面按行距 15cm 开沟，沟深 2 ~ 3cm，播种后盖平稍压，立即浇水，当水沿高畦两侧沟将畦面渗透湿润时即可。

四、田间管理

1. 间苗定苗 幼苗出土后拔取过密的幼苗，当菘蓝苗高 6cm 左右时，按株距 4 ~ 6cm 间苗；苗高 10cm 左右时按三角形定苗，株距 10 ~ 15cm。间苗、定苗的准则是去弱留强、间密留稀。

2. 除草 为使幼苗前期快速发育，待苗高 5 ~ 6cm 时要除草，保证田间无杂草。在菘蓝生长过程中，先后一共可收获叶（大青叶）2 次，由于植株生长需肥量大，故除在播种时施足基肥外，还要在每次割叶后及时追肥 1 次，每亩追施氮磷钾复合肥 25 ~ 30kg，撒入行间。此外，在每年 8 月中旬再追施 1 次氮磷钾复合肥 25 ~ 30kg，以促进根部生长发育。

3. 灌溉排水 生长前期宜干不宜湿，过湿不利于根部的下扎；生长后期可适当灌溉，以保持土壤湿润，促进根对养分的吸收。一般在每年 5 月下旬至 6 月上旬水、肥充足时，叶片最为茂盛。连续干旱的时候，可分别在早晚灌水，保证土壤湿度，切忌在阳光暴晒下进行。多雨季节或在多雨地区，要及时清沟排水，以防根部由于缺氧而腐烂。

4. 套种 为充分利用留种地内的土地，可套种蔬菜或其他药材，达到更高的经济效益。

【病虫防治】

一、病害

1. 黑斑病 一般于每年的 5 ~ 10 月发病。主要危害叶片。受害叶片上会出现圆形或椭圆形、褐色至黑褐色的病斑。后期，病斑处会出现黑褐色的霉状物，严重时会使叶片卷缩，甚至使植株枯死。

防治方法：发病初期，喷洒 50% 代森锰锌 600 倍液、50% 扑海因 800 倍液或 1 : 1 : 100 波尔多液等药剂进行治疗，根据实际病情，喷 2 ~ 3 次即可；收获后清园，加强日常管理，增施磷钾肥，以增强植株的抗病能力。

2. 菌核病 每年 5 ~ 6 月的高温多雨季节是菌核病的高发期，危害全株，茎部受害最严重。基部叶片首先发病，后逐渐扩散至根、茎、果实等部位。病斑呈水渍状，后变青褐色，最后叶子腐烂，只剩叶脉，受害部位布满白色菌丝，最后茎秆会破裂呈乱麻状。

防治方法：开沟排水，降低田间湿度；加强日常管理，增施磷钾肥，提高植株的抗病能力；实行轮作；发病期间可施用一定的石硫合剂或 65% 代森锌 500 ～ 600 倍液喷雾。

3. 霜霉病 4 ～ 10 月发病，主要危害叶片。染病叶片初期，叶背出现白色或灰白色霉状物，叶面会产生黄白色病斑，严重时使叶片枯黄，植株死亡。

防治方法：发病初期，喷洒 25% 甲霜灵 600 倍液、58% 瑞毒霉锰锌 600 ～ 800 倍液等药剂 3 ～ 4 次，每次间隔时间为 10 天左右；选择地势高、较为干燥的地种植，低湿地做高畦栽培；入冬前清园，烧毁病残体；实行轮作；合理密植，施肥，增强植物抗病能力。

4. 灰斑病 该病高发期为 7 ～ 8 月，主要危害叶片。老叶先发病，自下而上蔓延。发病初期，叶片两面生出圆形的病斑，后期病斑处会变薄发脆、龟裂穿孔，若处于潮湿环境，叶片会生出褐色霉状物。严重时，多个病斑相互融合，出现叶片早枯等现象。

防治方法：于发病初期喷洒 50% 代森锰锌 700 倍液或 1 ∶ 1 ∶ 100 的波尔多液等，1 ～ 2 次即可；合理轮作、清园，烧毁病残体；要加强田间的日常管理，在封垄前最少要除草 2 次；雨后要及时开沟排水。

5. 白粉病 一般 5 ～ 6 月发病，主要危害叶片。

防治方法：用 70% 甲基托布津可湿性粉剂 1000 倍液或波美 0.2 ～ 0.3 度的石硫合剂进行防治。

二、虫害

1. 菜粉蝶 属粉蝶科，俗称菜青虫。危害最为严重的时期为每年 6 月。幼虫危害叶片，轻者造成孔洞、缺刻，重者全叶吃光，只留下叶脉。

防治方法：在幼虫三龄前用苦树皮 500g，加肥皂 30g、水 15kg，浸 24h，以浸出液喷施；或用杀螟杆菌或青虫菌（每克含活孢子数 100 亿以上的菌粉）1500 倍液，并按药量加适量的肥皂粉等黏合剂喷施；或将苦树皮研成细末，每 500g 加 1.5 ～ 2.5kg 土杂肥，于晨露未干时撒在叶上；或用 20% 氯虫苯甲酰胺 3000 倍液等喷雾。

2. 茄跳甲 在每年的 5 月上旬至 6 月下旬危害最严重。其幼虫主要危害根部，成虫则咬食叶片致使植物患早期凋萎病。

防治方法：合理安排套种品种，避免与十字花科蔬菜连作，播种前深翻晒地，改变生存环境。

3. 黑点银纹夜蛾 高发期是 5 月中下旬。最吸引、同时虫数最多的是避光和植株茂盛的田块内。其幼虫主要危害幼苗。

防治方法：用 2% 西维因粉剂喷施进行防治，每亩用量 2 ～ 2.5kg；用 20% 氯虫苯甲酰胺 3000 倍液等喷雾防治。

4. 甘蓝蚜 主要危害植株嫩梢。

防治方法：用 10% 吡虫啉 1000 倍液喷施防治。

丹　参

【基原】

本品为唇形科植物丹参 *Salvia miltiorrhiza* Bge. 的干燥根及根茎。

【适宜生境】

丹参喜气候温和、光照充足、土壤肥沃、空气湿润的环境，以土层深厚、排水良好、肥力充足的沙壤土最为适宜，过沙或过黏的土壤不宜种植。一般适宜生长在海拔 400 ～ 900m、年平均气温 8.5℃～ 9℃，≥ 10℃，积温在 3400℃以上的地区。丹参怕涝，不宜在排水不良、地势低洼的土地上种植。土壤酸碱度适应性较广，以近中性或微酸性为好。

【栽种技术】

一、生长习性

丹参栽种期：北方为 3 月下旬至 4 月上旬，南方为 1 月下旬至 2 月中旬。生长期分两段，在 9 月份之前主要是地上茎叶生长，9 月之后生长重心逐渐转向根部，植株的有效物质积累量达峰值是在每年的 11 月中下旬，此时为最佳采收期，北方应提前采收。

二、繁育方法

丹参的主要繁殖方式为分根繁殖或育苗移栽。采收时，将用于繁殖的丹参留下，到栽种时，按行距 30 ～ 40cm、株距 25 ～ 30cm 穴栽，随挖随栽。

三、栽种方法

1. 选地整地　选择疏松、肥沃、土层深厚、地势略高、排水良好的土地种植。山地种植应选择向阳的低山坡。在种植丹参前，需每亩施入约 2000kg 腐熟好的厩肥，然后深翻土壤 30cm 以上，在种植时再翻耙、碎土、平整、做畦。宜做成宽 120cm 的高畦，畦高 30cm。每隔 50m 挖一条腰沟，保证排水畅通。

2. 播种

（1）分根繁殖：栽种时宜随挖随栽，选择直径0.5cm左右、粗壮色红、无病虫害的一年生侧根于4月直接栽种，也可在11月收获时栽种，栽种的侧根须截成4～6cm长的小段。按株行距30cm×45cm穴栽，穴深3～6cm，每穴栽1～2段，直立栽种，切忌倒栽。栽后随即覆土，厚度为3cm左右。分根种植要注意防冻，可在畦上覆盖一层稻草用于保暖。

（2）育苗移栽：在准备好的苗床上，将种子密植，浇透水，用薄膜覆盖，一般半月即可出苗，当苗高2～2.5cm时，逐渐将膜揭去，待苗高6cm时移栽定植于大田，株行距20cm×25cm。

四、田间管理

1. 补苗 每年的4～5月为幼苗的出土期，在此段时间内要进行查苗，若发现土壤板结、覆土较厚影响出苗时，要及时将土疏松、扒开，促进出苗。若缺苗，要及时补苗。

2. 除草 丹参前期生长较慢，应及时松土除草。一般在封畦前要进行2～3次，可结合施肥进行，封畦后有杂草要及时拔掉。

3. 施肥 在施足基肥的情况下，一般可不追肥。若基肥不足结合除草还需要追肥3次，第1次在出苗后不久，每亩可追施沤熟的人粪尿500kg；第2次在5月上旬施促花肥，每亩可追施沤熟的人粪尿500kg；第3次在8月上旬施长根肥，每亩可追施沤熟的人粪尿600kg，并配合施磷钾肥，每亩施过磷酸钙20kg、硫酸钾10kg。

4. 灌溉排水 伏天及遇到持续秋旱时，可行沟灌或喷灌抗旱，沟灌应在早晚进行，并要速灌速排。出苗期及幼苗期如土壤干旱，要及时浇水。

5. 摘蕾 除留种用的丹参外，从4月中旬开始要陆续将抽出的花序摘掉，保证养分更好地集中到根部。

6. 剪老秆 留种的丹参在剪收过种子以后，植株茎叶逐渐衰老或枯黄，不利于根部生长，应将老秆齐地剪掉。

【病虫防治】

一、病害

1. 根腐病 为真菌性病害，主要危害丹参根部。一般于4月下旬开始发病，发病盛期为 5 ～ 6 月，8 月后逐渐减轻。发病初期时，个别须根变褐腐烂，逐渐扩散至主根，逐渐全根发黑腐烂，直至全株死亡。

防治办法：选择健壮无病的种苗作种；发病初期间，用 50% 多菌灵 1000 倍液浇灌，并及时拔除病株，并用石灰对病穴进行消毒；选地势高的地块栽种，并及时排除积水；实行轮作。

2. 斑点病 主要危害叶片，常于 5 月初开始发生，可持续到秋末。叶片上的病斑呈现深褐色，近圆形或不规则，直径 1 ～ 8mm，严重时逐渐融合成大斑，叶片枯死。

防治办法：于发病初期喷 50% 多菌灵或托布津防治，并剥除基部发病的老叶；冬季清园，并烧毁病残株；实行轮作。

3. 菌核病 这是一种真菌性疾病。病菌首先会侵害植物茎基部、芽头及根茎部，使这些部位逐渐腐烂，变成褐色，严重时植株枯萎死亡。常在发病部位及茎秆基部的内部、附近土面，发现白色菌丝体以及黑色鼠粪状的菌核。

防治办法：加强田间管理，及时清理沟道，防治田间积水；实行水旱轮作；用生石灰撒于病株茎基及周围土面。

二、虫害

根结线虫病 被寄生的丹参须根上形成许多瘤，导致植株矮小、叶片变黄，最后全株死亡，严重减产。

防治方法：建立无病留种田，不从有病区调入种根；实行水旱轮作，不重茬，切忌与花生等易感病作物轮作。

当 归

【基原】

本品为伞形科植物当归 *Angelica sinensis*（Oliv.）Diels 的干燥根。

【适宜生境】

适宜海拔 1500 ～ 3000m 的高寒山区，对温度要求严格，喜凉爽气候，怕高温酷热。

【栽种技术】

一、生长习性

野生当归产于海拔 1500 ～ 3000m 的高寒山区，对温度的要求严格，喜凉爽气候，怕高温酷热，因此向低海拔引种时往往因夏季高温的影响而失败。

二、繁育方法

选定植后第 3 年开花结果的母株留种，于该年 8 月中下旬果实成熟时采收，以呈粉白色时种子为佳。切忌选用成熟过度或呈深红色的种子作种，且提前抽薹开花的植株所结的种子也不可以作种。种子应储存于阴凉干燥通风处，切忌暴晒。

三、栽种方法

1. 选地整地

（1）育苗地：宜选用四面环山、阴凉湿润、富含有机质、光照时间短的土地。若选熟地育苗，应于 5 月份下旬进行多次深耕，要深达 25cm 以上，结合耕地施足基肥，每亩施入熟厩肥 2600 ～ 3000kg，均匀地撒于地面，随即浅翻使土肥混合均匀，拣出草根、石块，整理好后做畦。若选荒地育苗，应先砍除灌木以及杂草，三犁三耙，深达 30cm，打碎土块，拣出草根、石块等，耙平整细后做畦。当归育苗一般选用畦宽 1.2m、畦高约 25cm、畦沟宽 30cm 的带状高畦，育苗地四周开好排水沟，防止积水。

（2）移栽地：宜选土层肥厚、疏松肥沃、富含腐殖质、排水良好、凉爽、湿润的黑土地、生荒地，切勿选地势宽敞的向阳地。当归应与玉米、小麦、大麻、亚麻、油菜、烟草等作物轮作，忌连作。提前清理灌木以及杂草，随后深翻土地。栽种前，结合整地每亩施熟厩肥 4000 ～ 6000kg 或适量的过磷酸钙、复合肥，翻后耙平整细后，顺坡开沟做高畦或高垄，畦宽 1.2m、高 30cm，畦间距离 35cm 或垄宽 45cm、高 25cm 左右。

2. 播种

（1）种子处理：为使种子快速发芽，播种前用 30℃左右的温水对种子进行浸种处理，浸种 24h 即可。

（2）育苗移植：在气温稍高的低海拔地区，于 8 月中下旬播种为宜；在气温较低的高海拔地区，于 7 月下旬播种为宜。在做好的畦面上开沟，沟深 3cm 左右，沟与沟相隔 20cm 左右，采用条播方法播种，将浸好晾干后的种子均匀撒入沟内，随即覆盖细土，最后在畦面上盖草，以保湿遮光。在播种过程中要把握好播种量，每亩用种量 4 ～ 4.5kg，尽量使长出的幼苗疏密适中。

（3）起苗贮藏：一般在每年 10 月中下旬，气温下降到 5℃左右时，苗叶地上叶片开始枯黄时，将其挖起贮藏，以便来春栽种。起苗时随挖随将幼苗拔出，根系和芽要尽量完整，注意不要将土抖净，略带些土，把苗上叶子去掉，保留 1cm 长的叶柄，捆成 5 ～ 6cm 粗的小把，置于阴凉干燥处的生干土上晾，当幼苗根体开始变软，外皮稍干，叶柄萎缩后即可贮藏。

贮苗方法有 3 种：①冷冻贮苗：将需备贮的幼苗先晾干，待苗体含水量降至 55% ～ 65% 时，再装入特制的竹筐中，加盖，外套特制塑料袋。然后将其置于可自动控温的冷藏室中，要求温度恒定在 -10℃左右。存入或取出时都应逐步降温或升温，进行炼苗，防治冻伤苗根。②密闭贮苗：选用密闭的容器（如木桶、瓦缸等），将幼苗按一层土一层苗装入容器内，填满后压紧密封，使幼苗处于高度休眠的状态。③室内埋苗：选择地势高、不见阳光、干燥无水的房间，在地面上铺一层生干土，厚约 5cm，然后将幼苗头尾交叉横摆一层，间距约 1cm 左右，后覆细土 1 ～ 2cm。重复上述步骤，摆 5 ～ 6 层，最上层盖 20cm 的细土，四周围 30cm 厚黄土，最后形成一个梯形土堆，高约 80cm。

（4）移栽：一般为春栽，以清明前后栽种为宜。移栽时要严格选苗，以根部完整、根顺、叉根少、粗 3 ～ 5mm 为宜。栽苗后立即浇足定根水，也可用清腐熟粪水定根，提高幼苗的成活率。

（5）穴栽：按行株距 33cm×27cm 挖穴，穴深约 15cm。然后每穴按“品”字形排列栽入苗 3 株，边覆土边压紧，带覆土至半穴时，向上轻轻提一下种苗，有助于种苗根系的舒展，然后盖土至满穴，施入适量的土杂肥或火土灰，在种苗根处覆盖细土，没过根茎 2 ～ 3cm 即可。

（6）沟栽：横向开沟，沟距 40cm、深 15cm，按株距 25cm，根茎要低于畦面 2cm，盖土 2 ～ 3cm。

四、田间管理

1. 育苗地管理　苗床要始终保持湿润。一般于播种后 15 天左右出苗，待苗长至 1 ～ 2cm 时，选傍晚或阴天揭草。后搭高 60cm 左右的棚，用于遮阴，遮阴度要保持在全光照的 1/3 ～ 1/2。育苗期间要勤除草，做到苗床无杂草，除草的同时进行间苗，除弱留强，保持株距 1cm 左右。育苗后期可施速效氮肥，亦可用腐熟粪水或碳酸铵进行追肥。

2. 种植地管理

（1）定苗、补苗：选用带土的中、小苗，于阴天或傍晚移栽，栽后及时灌溉。

（2）除草：出苗初期杂草生长迅速，要及时除草松土，促进根部发育。从出苗到封畦，应分期除草 3 ～ 4 次。除草的原则是“中间深，两头浅”，即秧苗幼小和立秋后都不宜深锄。

（3）追肥：当归生长前期不宜施过多的氮肥，氮肥含量过高会使当归抽薹开花。在叶生长旺盛期和根增长期适当追肥，时间分别为 6 月下旬和 8 月上旬，这是两个需肥的高峰期。生长前期可施 1 次腐熟粪水，每亩 1800 ～ 2500kg 即可；待生长中后期时，每亩可施厩肥 1500kg，饼肥 50kg，过磷酸钙 30kg。

（4）排灌水：当归生长的环境较为湿润，在天旱时及时进行适量灌溉，有利于高产；雨水过多则要注意开沟排水，特别是在当归生长的后期，田间切忌有积水，否则会引起根腐病，进而烂根，造成减产。

（5）培土：当归生长到中后期（8月以后），根系开始发育，生长迅速，此时培土可促进归身的发育，提高产量。

（6）打老叶：当归封畦后，基部老叶因光照不足继而发黄，要及时摘除。

（7）及时拔薹：早期抽薹的植株，其根部会木质化，进而失去药用价值而不能入药，所以要及时全部拔除，减少对地力的消耗。

【病虫防治】

一、病害

1. 褐斑病　该病为半知菌亚门壳针孢属真菌引起，高温多湿条件易发病，主要危害叶片，一般于每年5月下旬开始发病，7～8月最为严重，10月后逐渐消失。发病初期，叶面出现褐色斑点，后中心变为灰白色，边缘红褐色。发病后期，病斑内生出小黑点，随着病情的加重，叶片逐渐变为红褐色，最终逐渐枯死。

防治方法：发病初期要及时对病叶进行清除，集中焚烧处理，同时喷施1∶1∶150波尔多液，或50%甲基托布津800～1000倍液，或65%的代森锌500倍液进行灭杀，每次间隔10天左右，连续3～4次即可。

2. 根腐病　该病为半知菌亚门镰刀菌属真菌引起。主要危害根部。发病植株的根部组织变为褐色，而后腐烂变成黑色水浸状。地上茎叶变褐至枯黄，变软下垂，最终死亡。此病一般于每年5月初发病，6月为发病的高发期，可一直持续至收获。

防治方法：育苗期用托布津、多菌灵按种子重量的0.3%～0.5%拌种；选用无病种、健壮秧苗移栽，移栽前用1∶1∶150波尔多液浸泡10～15min，待晾干后栽植；移栽前，用200倍65%代森锌对土壤进行消毒；及时清理病株，集中焚烧，用石灰粉对病穴进行消毒，并用50%托布津750～1000倍液或50%退菌特500～1000倍液对病区进行全面喷洒，以防病情蔓延；选择透水性强、排水良好的沙质壤土作栽培地；忌连作。

3. 麻口病　该病为真菌性病害，主要危害根部。每年4月中旬、6月中旬、9月上旬、11月上旬为高发期。在植株发病时，根部表皮出现黄褐色纵裂，形成醒目的伤斑。

防治方法：应优先选择黑土地、生荒地进行种植；用药剂对种苗以及土壤进行处理；加强田间管理，及时发现病株，清除集中焚烧；对当归根部进行适当保护，减少创伤，防治微生物的入侵；用600g托布津或250g的50%多菌灵加水150kg混匀，在5月上旬、6月中旬各灌根1次，每株灌稀释液50g。

4. 白粉病 多在夏季高温干燥时发生，主要危害叶片。发病初期，叶面上生出面粉状的灰白色病斑，后期病斑扩大，并长出黑色小颗粒，随着病情发展，叶片逐渐布满白粉，逐渐死亡。

防治方法：栽种前，用500倍甲醇溶液对种子做浸泡或闷种处理，浸泡5min或2h即可，晾干后播种；加强田间管理，及时发现病株，并及时清除集中焚烧；发病初期，用65%的代森锌500倍液或50%的甲基托布津1000倍液喷洒，每次间隔10天，连续3～4次即可灭杀；实行轮作。

二、虫害

1. 桃粉蚜 又称桃大尾蚜，一般于每年3月开始发病，5月为桃粉蚜的爆发期。成虫主要危害当归新梢和嫩叶，造成植株矮小。成虫于叶背吸食汁液，新梢和嫩叶由于汁液的缺失而逐渐卷曲皱缩，直至枯萎死亡。

防治方法：用10%的吡虫啉可湿性粉剂2500～3000倍液，5～7天喷施1次，连续喷施2～3次。

2. 地老虎、蝼蛄、金针虫、蛴螬 主要以幼虫为害根茎。

防治方法：黑光灯诱杀；用50%辛硫磷乳油拌成毒饵诱杀。

3. 种蝇 主要以幼虫为害根茎。幼虫蛀食萌动的种子或幼苗的地下组织，蛀空根部并导致腐烂，严重时导致植株死亡。

防治方法：幼虫开始为害时，用50%辛硫磷1000倍液灌根；成虫羽化期将糖、醋、酒、水、敌百虫晶体按3：3：1：10：5比例配成溶液，每150～200m^2放1盒，保持盒内药液不干，诱杀蝇类成虫。

地　黄

【基原】

本品为玄参科植物地黄 *Rehmannia glutinose* Lbosch. 的新鲜或干燥块根。

【适宜生境】

常生于海拔 200 ～ 1000m 的荒山坡、路旁、山脚、墙边、地边等处，通常为土层疏松肥沃、排水良好的微碱性或中性沙质土壤。喜光，耐寒，喜干燥，忌积水。

【栽种技术】

一、生长习性

地黄的生长发育分 4 个阶段：幼苗生长阶段、抽薹开花阶段、丛叶繁茂阶段和枯萎采收阶段。

1. 幼苗生长阶段　地黄萌动发芽的适宜温度为 18℃～ 20℃，栽种后 10 天左右出苗。如温度达不到 12℃，块根不仅不能萌芽，而且容易腐烂，故应选择早春后地温稳定超过 12℃时栽种为宜。

2. 抽薹开花阶段　地黄出苗以后，20 天左右能抽薹开花。开花的数量、早晚与气候和地黄的栽培部位、品种等因素有关。为控制地黄的抽薹开花，栽培时应适时播种，并创造好的生态环境。开花后及早摘除花蕾，减少营养物质的过多消耗。

3. 丛叶繁茂阶段　7 ～ 8 月光照充足，地温大多在 25℃～ 35℃之间，地黄的地上部位生长旺盛，地下的块根也迅速膨大延伸，为增产的关键时期。

4. 枯萎收获阶段　9 月底，地黄进入生长后期，生长速度减慢，其地上部分出现心部叶片开始枯死的“炼顶”现象，叶片里的营养物质向块根转移，10 月初生长基本停滞。

二、繁育方法

地黄繁育一般采用根茎繁殖和育苗移栽等方式。

在比较寒冷的地区，地黄在秋天采收后用地窖储藏，来年春天选取无病虫害、粗细均匀的块茎，取中间部位折成 7cm 左右长的小段，要求每段有 2 ～ 3 个芽眼，稍风干后可栽种使用。

在比较温暖的地区，收获地黄后，选优质的留在地里，用作第 2 年栽种。春栽地黄需先进行育苗，在 7 月末挖出，分切成 1cm 长的小段，按株行距 13cm×25cm 栽种。栽后加强日常管理，第二年春天刨出种栽，最好随挖随栽。

三、栽种方法

1. 选地整地 选地势空旷、光照充足、向阳平整、肥沃疏松、排水良好的沙壤土，收获前茬作物后，上冻前深翻土地 35cm 左右。次年春天种植前，每亩施农家肥 1000kg，然后再次翻耕，平整土地做成宽 150cm 左右的畦。地势低、多雨地区应做 25cm 左右的高畦，以利于排水。前茬作物以禾本科作物为宜，忌与十字花科、葫芦科、茄科、豆科作物连作。

2. 移栽方法

北方 4 月份栽春地黄或旱地黄，5 月底至 6 月初栽晚地黄，南方早春栽植，开沟深 15cm 左右，在沟内浇水。当大部分种子生芽时，填平垄沟，做成平畦，覆膜保持地温和水分。如果惊蛰至春分期间栽种，按行距 45cm 在整好的畦面上开深 8 ～ 10cm、宽 11cm 左右的沟，株距 24 ～ 28cm，错开放入根茎后盖平畦面。

3. 间套作 地黄苗期较长，可在畦埂上适当间作一些矮小的早熟作物。

四、田间管理

地黄在出苗后至封垄前可除草 2 ～ 3 次，初次除草要特别小心，避免伤害幼苗，中耕深度在 4cm 以内。结合除草，追肥 2 次，以农家肥为主，每亩 1000kg 左右。初次应在苗高 8cm 左右时追施，第二次在苗高 20cm 左右时，开沟施于行间。

灌水排水：春季栽种时，天旱必须浇水。栽种后初次可多浇水，以后保持一定的水量即可。地黄既怕旱又怕涝，所以雨季注意排水，防止烂根。

【病虫防治】

一、病害

1. 斑枯病 该病为半知菌（真菌）感染，主要危害地黄叶片。主要表现为叶面上有黄褐色斑、圆形不规则，伴有小黑点。

防治办法：发病初期可喷 1∶1∶150 的波尔多液，10 天左右喷 1 次，连续喷 3 ～ 5 次；或者用 60% 代森锌 500 倍液，10 天左右喷 1 次，连续喷 3 ～ 5 次；将病叶烧毁，做好排水工作。

2. 枯萎病 该病为半知菌（真菌）感染，主要危害地黄叶片。初期主要表现：叶柄出现水浸状褐色斑，叶柄逐渐腐烂，地上部分下垂枯萎。

防治办法：开设排水沟；3 ～ 4 年左右轮作 1 次；发病初期用 50% 退菌特 1200 ～ 1500 倍液或用 50% 多菌灵 800 ～ 1000 倍液浇灌，8 ～ 10 天浇灌 1 次，连续浇灌 3 次左右。

3. 黄斑病 由蚜虫或者叶蝉带病毒感染，叶面出现黄白色近圆形斑块，叶脉有隆起、皱缩、凹凸不平。

防治办法：重点防治蚜虫，用 10% 的吡虫啉可湿性粉剂 2500 ～ 3000 倍液喷施。

二、虫害

红蜘蛛 红蜘蛛的幼虫和成虫在叶背面吸食汁液，使被害处出现黄白色小斑，至叶片褐色干枯。

防治办法：用 20% 螨死净可湿性粉剂 2000 倍液或 15% 哒螨灵乳油 2000 倍液喷施防治，并清除枯枝落叶。

党参

【基原】

本品为桔梗科植物党参 *Codonopsis pilosula*（Franch.）Nannf.、素花党参 *Codonopsis pilosula* Nannf. var. *modesta*（Nannf.）L. Shen 或川党参 *Codonopsis tangshen* Oliv. 的干燥根。

【适宜生境】

喜温和、凉爽气候，怕热，耐寒。宜生长在土层深厚、富含腐殖质、疏松、排水良好的沙壤土中。在盐碱地、涝洼地或黏性较大的土壤中生长不良。党参对光照要求比较严格，幼苗喜阴，成株喜光。对水分要求不甚严格，年降水量达到 800 ～ 1000mm、相对湿度 70% ～ 75% 的条件下即可生长。

【栽种技术】

一、生长习性

植株一般在 3 月左右出苗，幼苗开始进入生长期。6 月初至 10 月初，植株进入快速生长期，7 ～ 9 月部分植株可开花结籽，但是秕籽率比较高。10 月中下旬，地上部分枯萎开始进入休眠期。植株根的基本生长情况：第 1 年以伸长生长为主，第 2 年开始到第 7 年以增粗生长为主，特别是第 2 年开始到第 5 年根的加粗生长最快。党参种子以当年成熟采收最优，新产种子发芽率高，一般可达 75% 左右，隔年种子发芽率偏低。

二、繁育方法

党参播种可选择种子直播或育苗移栽。选择健壮植株留种，种子成熟采收后，将茎蔓割下晒干，把种子抖出，装入布袋，贮藏于通风干燥处。种子处理：为提高党参种子发芽率，缩短出苗期，需要对党参种子进行处理。播种前可用 45℃温水浸种，当水温降至不烫手时再浸种 5min，然后将种子装入纱布袋，用水冲洗数次，置 15℃～ 20℃沙堆上面进行催芽，保持纱布袋湿润，5 天左右种子开口时即可播种。

三、栽种方法

1. 选地整地 党参根系较深，对土壤要求比较高，宜选土质疏松、向阳、土层肥沃深厚、排水良好的沙壤土，或者灌溉方便的河滩地等。所选田地的海拔不宜过高，以海拔 2000m 以下为宜。

根据不同地块的特点确定土地整理方案：平原地区可在前茬作物收获后翻犁 1 次。播前需要再翻耕 1 次，每亩适当施入腐熟堆肥、厩肥 1800 ～ 2000kg，整平耙细做畦。山区在 8 月左右由坡下向上深翻 1 次，每亩施厩肥、堆肥 2200 ～ 2500kg，深耕 25cm 以上，整平耙细做畦。畦宽 120cm、深 16 ～ 20cm，也可做成宽 30cm 左右的小垄或宽 60cm 左右的大垄，地周边开好排水沟。

2. 种植方法

（1）播种期：播种可分别选择在春季、夏季或秋季进行，但以春播为佳。春播可在化冻后进行，春播宜尽早，如果播种得太晚，进入伏天时苗太小，很容易被太阳晒死。在海拔较低和纬度较低地区，由于气温较高，春播可提前在 2 月份。夏播多选择在 5 ～ 6 月雨季时进行，夏季气温高，要做好幼苗期的遮阴与防旱，防止党参苗由于日晒或干旱而死亡。秋播应在 11 月下旬土层上冻前为宜，秋播当年不出苗，次年清明前后出苗。秋播不宜过早，太早则种子会发芽出苗，小苗越冬困难。

（2）播种方法：条播或撒播。条播便于日常管理，一般多采用此方法。条播：按行距 30cm 开深约 5cm 浅沟，然后将种子和细土拌匀，均匀播于沟内，播幅 12cm 左右，盖一层薄土，压实，使表土和种子紧密结合，每亩用种量大约 2kg。撒播：将种子与细土或者草木灰拌匀后，均匀地撒在苗床上，盖上一层薄土，以盖住种子为宜，每亩用种量大约 2.5kg。如果土地肥沃，可适当加大播种量。处理过的浸种种子需特别注意防旱，如果种子已经萌动，遇到干旱会造成种子死亡。一般防旱的常用方法是用玉米秆、麦草、谷草或塑料薄膜等覆盖。干旱地区春播应选择在雨后进行，在有条件灌溉的地方，需要提前在厢面上浇透水，然后播种。

（3）起苗、移栽定植：海拔较低的平原地区或山区，育苗 1 年后可收参苗；高海拔山区需要育苗2年才可收参苗。起苗时要注意从侧面挖掘，防止伤害根系，影响质量。起苗时边刨边拾，集中挑选挖起的苗子，以苗细长者为佳，可去掉病残参苗，将参苗分档，便于定植。

移栽分为春栽与秋栽。春栽在芽胞萌动前移栽，即3月底至4月初；秋季移栽在10月底。春栽尽早，秋栽宜迟，以秋栽为好。移栽最好在阴天或早晚时分，应随起苗随移栽，防止幼苗干枯。移栽时，开行距30cm、深21～25cm的沟，山坡地可以顺坡开沟，以株距10cm左右定植；垄栽时小垄栽单行，大垄栽双行。移栽的时候，将参条顺沟放入，抬起根头，伸直根梢，覆土以5cm左右为宜。参苗斜放，这样种植品质优且产量高。每亩如栽大苗在16000株左右，栽小苗每亩在20000株左右。

四、田间管理

1. 苗圃管理 植株苗期为管理关键期。

（1）遮阴：植株幼苗细弱，怕旱、怕阳光直射，喜湿润，喜阴。必须进行遮阴。常用的遮阴方法如下。

①盖草遮阴：4月上旬天气变热时，用谷草、玉米秆、苇帘、麦糠、麦草等覆盖厢面，以防止日晒和保湿。开始时全遮阴，保湿为主要目的，等到参苗发芽出土后，透光率需达到15%左右。苗高10cm时慢慢揭去覆盖物，注意不要一次揭完，以免幼苗被烈日晒死。苗高15cm左右时，可在阴天或傍晚揭完所有覆盖物。

②塑料薄膜遮阴：春播后，开始搭塑料棚，苗出齐后慢慢放风，待长至3片左右真叶时，把塑料薄膜掀去，白天选择用草帘子覆盖遮阴。

（2）除草：育苗地要做到经常除杂草，撒播地见草就拔。苗高6cm左右时注意按行距3cm进行适当间苗，分次除去过密或者纤弱苗。松土时宜浅，尽量避免伤根。除草最好选择在早晨或傍晚、阴天进行。

（3）浇水、排水：在幼苗期可根据土质、地区等自然条件适当浇水，浇水时不应用大水去灌，以免冲断参苗。出苗期和幼苗期时，要保持畦面潮湿，以利于出苗。参苗长大后适当少灌水，苗期适当保持干旱，以利于参根的伸长生长。雨季时要注意排水，防止烂根烂秧造成参苗死亡。

2. 大田管理

（1）除草：封行之前勤除杂草、勤松土，为了防止芦头露出地面还要注意培土。松土宜浅，以防损伤参根，封行后可以不再松土。第一年移栽后除草 3 ～ 4 次，第二年之后每年早春出苗后除草 1 次。

（2）追肥：移栽成活后，每年 5 月初苗高约 30cm 时，结合培土追肥 1 次，每亩施肥 1200 ～ 1500kg，或者结合初次除草松土，每亩施氮肥 15kg 左右；结合第二次松土，每亩施骨粉 15kg 或磷酸钙 25kg；冬季大约每亩施腐熟厩肥 1500kg 左右。施用锌、铁、钼、锰等微量元素肥等均有一定的增产作用，其中锌肥能改善和提高植株内在质量，钼肥对产量影响最大，锌、钼肥配合施用增效显著，可在党参生产中推广应用。微量元素肥料的施用应配合其他元素肥料施用，以充分发挥微肥的增产效果。

（3）灌溉排水：每年出苗前和苗期要保持畦面湿润，同时保持地表疏松。苗高超过 15cm 时一般不需要浇水。雨季时注意排水，以防烂根。

（4）搭架扶蔓：为了利于植株的通风透光，提高参苗的光合作用，减少病虫害，参苗高 28 ～ 30cm 时要搭架，来让茎蔓攀援。可在行间插入树枝或者竹子，两行合拢扎紧，呈“人”字形棚架。

（5）搭棚遮阴：在我国南方高温地区，植株在一年四季生长均很好，但夏季由于雨水多、气温高，地上部分容易枯萎，病虫害较重。为了让其顺利越夏，可选用搭棚遮阴的方法。

（6）疏花：植株开花较多时，除留种株以外应及时疏花，防止养分被过多消耗，以利于根部生长。疏花大概可以提高产量 35% ～ 45%，且收获的根部质量好。

【病虫防治】

一、病害

1. 根腐病　一般在 6 月份左右发生，受害的主要位置是根部。发病初期，下部的侧枝或须根最先出现暗褐色病斑，接着变黑腐烂，病害扩展到主根时，主根自下而上呈水渍状腐烂，地上部分叶片逐渐变黄枯死。

防治方法：选用无病、健壮的参苗，发病期发现病株马上用 50% 甲基托布津 1 : 1500 倍液或 25% 多菌灵 1 : 500 倍液灌根，以防止病害蔓延，也可用石灰消毒。

2. 锈病 8月左右发生。主要危害叶、茎、花托等部位。发病初期，叶面开始出现浅黄色病斑，后扩大，中心呈褐色或淡褐色，周围有黄色晕圈。患病部叶背略隆起，呈现黄褐色斑，后期表皮出现破裂，并出现锈黄色的粉末。严重者叶片枯黄萎死。

防治方法：选育良好的抗病品种，高畦种植，注意排水；实行轮作；发病初期用25%粉锈宁1000倍液，或50%托布津800倍液进行喷雾处理。

二、虫害

1. 蚜虫 主要危害嫩梢。造成叶片发黄，花果干瘪或脱离，对产量影响大。

防治方法：用10%吡虫啉可湿性粉剂2500～3000倍液喷施，每隔2～3天喷1次，连续3次。

2. 蛴螬 幼虫危害叶柄基部，严重时幼苗被成片咬断。

防治方法：用50%辛硫磷1000倍液浇注或者人工捕杀。

3. 红蜘蛛 主要危害叶、花、果实。成虫或者幼虫群集于叶背，拉丝结网并吸食汁液，使叶片逐渐变黄、枯萎脱落。果盘和果实受害开始出现萎缩、干瘪。

防治方法：用20%螨死净可湿性粉剂2000倍液或15%哒螨灵乳油2000倍液喷施防治。

地　榆

【基原】

本品为蔷薇科植物地榆 *Sanguisorba officinalis* L. 或长叶地榆 *Sanguisorba officinalis* L. var. *longifolia*（Bert.）Yu et Li 的干燥根。

【适宜生境】

喜温暖湿润气候，不怕干旱，在夏季生长速度较快，一般耐寒。大多生长于谷地、山坡、草丛以及林缘或林内。适应性很强，喜光、抗寒、耐旱。除严寒的冬季外，其余季节均可长出新叶。在贫瘠、干旱的土壤中生长更旺盛。

【栽种技术】

一、生长习性

喜温暖湿润气候、耐寒，所以如在北方栽培幼龄植株，冬季不需要覆盖防寒物。生长期为 4 ～ 11 月，以七八月左右生长最快。在富含腐殖质的壤土、黏壤土及沙壤土中生长较好。种子发芽率在 55% 左右，如温度达到 18℃～ 21℃时，7 天左右即可出苗。当年播种的幼苗仅出现叶簇，一般不开花结子。翌年 7 月左右开花，9 月中下旬种子成熟。

二、繁育方法

主要用种子繁殖和分根繁殖。

1. 种子繁殖　分春季播种和秋季播种 2 种。春播多在 4 月左右播种，秋播多在 8 月中下旬。条播可按行距 45cm 开浅沟，将种子均匀地撒入沟内，覆土 1cm 左右即可。如遇土壤干燥需进行浇水，约 15 天出苗。如在早春干旱地区，亦可采用育苗移栽的方法。

2. 分根繁殖　早春母株萌芽前，需将上年的根全部挖出，然后分成 3 ～ 4 株不等，分别移栽。按株距 25cm、行距 40cm 进行穴播，每穴一株。

三、栽种方法

1. 土地　选择土层深厚、疏松肥沃、排水良好的土地。

2. 播种

（1）播种繁殖：春播或秋播均可，北方露地栽培，春季至夏末均可直播。如果田间土地贫瘠，宜多施基肥，一般施肥量为每亩 2600kg，深耕 25 ～ 30cm，耙细整平后按畦宽 135 ～ 150cm 做畦播种。条播或穴播均可。条播时，按行距 40cm 开深 3cm 左右的沟，将种子均匀撒入沟内，覆土，稍加镇压，再浇水。穴播时，株距 25cm 开浅穴，每穴约放 3 粒种子，覆土 1cm。出苗前要保持土壤湿润，约 15 天出苗。每亩播种量在 3kg 左右。

（2）分根繁殖：在春季地榆萌芽前或秋季采挖地榆时，将粗根切下入药，用带芽、茎的小根作种苗，每株可分成 3 ～ 4 小株左右进行穴植，按株距 25cm 挖穴、行距 40cm 左右，每穴栽 1 株，穴深视种苗大小而定，栽后覆土，浇足定根水。

四、田间管理

1. 间苗定苗　直播苗在幼苗高 6cm 左右时，按株距 10cm 间苗。苗高 15cm 左右时，按株距 25cm 左右定苗。

2. 除草　幼苗期可结合间苗进行松土、除草，为防止倒伏，松土后可在根部进行培土壅根。

3. 灌溉　地榆生长环境粗放，但若长期干旱，会使植株提前抽薹开花，趋向野生植株。所以为取得产量高、品质好的产品，需经常灌溉，使土壤一直保持见干见湿状态。

4. 施肥　生长期间要多次少量施用氮肥，尤其是在每次采割后宜增施肥料，做到勤施、少施。

【病虫防治】

一、病害

1. 根腐病　地榆在作药用栽培大规模种植时，有时会出现根腐病。发病时，根中下部出现黄褐色锈斑，之后逐渐干枯腐烂，最终导致植株枯死。

防治方法：开始发现病株，应及时拔除和烧掉，并全面喷撒 50% 退菌特 1000 倍液，15 天喷 1 次，共喷 4 次左右。

2. 白粉病　春季开始发生。

防治方法：合理密植，田间通风透光，避免田间湿度过高，勤除杂草。

二、虫害

主要有金龟子，为害期间用 50% 辛硫磷乳油 1000 倍浇灌防治幼虫。

防 风

【基原】

本品为伞形科植物防风 *Saposhnikovia divaricata*（Turcz.）Schischk. 的干燥根。

【适宜生境】

防风一般生于向阳山坡及草原，耐干旱、耐寒、怕水涝。适宜于在地势高、夏季凉爽的地方种植。对土壤要求通常不高，宜在含石灰质的壤土或排水良好的沙质壤土中栽培。不宜在盐碱地和黏性土壤中栽培。

【栽种技术】

一、生长习性

防风为多年生草本植物，种子在春季播种后 20 天左右出苗，秋播后翌年春天出苗。

二、繁育方法

通常选无病虫害、生长旺盛的二年生植株留种，对留种植株增施磷肥，以促进开花以及结实饱满。待种子成熟后割下茎枝，将种子搓下后晾干放阴凉处保存。也可以在收获时选取粗 0.7cm 以上的根条作种根，边收边栽，或者在原地栽植，等第 2 年春移栽定植用。

防风的种子易萌发，在 15℃～25℃时均可萌发，新鲜种子的发芽率可达 55% 以上，但贮藏 1 年以上的种子发芽率会显著降低，故生产上应用新鲜种子为好。

三、栽种方法

1. 选地整地 防风是深根性植物，主根可长达 60cm 左右，应选排水良好、地势高的沙壤土种植，黏性土地种植的防风质量较差。土地整理时需施足基肥，每亩用厩肥 3600 ～ 4000kg 及复合肥 15 ～ 20kg，深耕细耙。北方可做成宽 1.5m 左右的平畦，南方多雨地区可做成宽 1.3m、沟深 25cm 的高畦。

2. 播种 繁殖方式以种子繁殖为主，亦可进行分根繁殖。

（1）种子繁殖：在春、秋季都可播种。春播，长江流域在4月左右，华北地区在4月上中旬；秋播，长江流域在10月左右，华北地区在地冻前播种，第二年春天出苗。春播需将种子在温水中浸泡1天左右，使其充分吸水以利于发芽。在整好的畦上按行距35cm开沟条播，沟深2cm，将种子均匀播入沟内，覆土盖平，稍加镇压，盖草浇水，保持土壤湿润，播种后25天左右即可出苗。每亩用种子2kg。

（2）分根繁殖：在早春或收获时，取粗0.7cm以上的根条将其截成3cm长的小段作种。按株行距15cm×50cm、穴深7cm左右栽种，每穴1根段，顺栽插入，栽后覆土3～5cm，每亩用种量约50kg。

四、田间管理

1. 间苗定苗 种子繁殖时要进行间苗，苗高5cm时，按株距7cm间苗；苗高10～13cm时，按13～16cm株距定苗。

2. 除草培土 6月前需进行多次除草，以保持田间清洁。在植株封行时，先摘除老叶，后培土壅根，以防倒伏；入冬时结合清理场地，再次培土以利于根部越冬。幼苗期杂草生长较快，应见草即除，以利幼苗生长。

3. 追肥 每年6月上旬或8月下旬需各追肥1次，用复合肥、堆肥或人粪开沟施于行间。

4. 摘薹 2年以上的植株，在6～7月抽薹开花时，除留种外，发现花薹时都要及时摘除。

5. 排灌 在栽种或播种后到出苗前应保持土壤湿润。防风抗旱力强，大多不需浇灌，雨季应注意及时排水，以防因积水而烂根。

【病虫防治】

一、病害

白粉病 夏秋季多发，危害叶片。

防治方法：注意通风透光，施磷钾肥，促进植株健壮生长；发病时用50%托布津900～1000倍液喷雾进行防治。

二、虫害

1. 黄翅茴香螟　花蕾开花时出现，危害花蕾及果实。

防治方法：在早晨或傍晚用 BT 乳剂 300 倍液喷雾，或 25% 溴氰菊酯乳油 3000 倍液喷雾防治，每 5 ～ 10 天喷 1 次，连续喷 2 ～ 3 次。

2. 黄凤蝶　5 月开始危害植株，幼虫咬食叶、花蕾。

防治方法：在幼龄期喷 20% 氯虫苯甲酰胺 3000 倍液等喷雾防治和人工捕杀。

杜　仲

【基原】

本品为杜仲科植物杜仲 *Eucommia ulmoides* Oliv 的干燥树皮。

【适宜生境】

杜仲喜阳光充足、温暖湿润的环境，耐阴性差，对阳光要求高。温度的适应范围广，在年平均气温 10℃～ 30℃、极端气温不高于 44℃、最低气温不低于 -19℃的环境下，植株均能正常发育。杜仲土壤适应性强，在土层较深厚的丘陵山区或平原地区，钙质土或酸性土中都能成活生长。但是，湿润肥沃、土层深厚、排水良好、土质疏松的壤土、沙黑壤土或砾质壤土，pH 值在 5.5 ～ 7.5 之间时最适宜杜仲的生长，透气性过差、黏重的土壤不利于杜仲的生长。地形以山脚、山中下部为宜，阳坡优于阴坡，缓坡优于平地。杜仲生长于海拔 1200 ～ 1800m 的山地，尤在海拔 1000 ～ 1200m 的丘陵地区为宜。

【栽种技术】

一、生长习性

杜仲雌雄异株，树龄 6 年以上才会开花结果，风媒花。每年 3 月末展叶，5 月初叶片定型，10 月霜降前后落叶。杜仲自然林的生长速生期出现在树龄 15 年左右，20 年后逐年下降，50 年后基本停止生长。胸径生长速生期出现在树龄 20 年左右。人工林的生长速度生期比天然林提前 4 ～ 5 年，树皮随树龄增加而增厚。陈年种子发芽率在 15% 以下。

二、繁育方法

选择树干直、生长健壮、叶肥大、树皮厚、粗壮、树龄 15 ～ 30 年、无病虫害、未剥过皮的雌株为留种母株。当果皮呈淡褐色时，采集种子，薄摊于阴凉通风处晾干，选淡褐色、饱满、有光泽的种子作种用。

三、栽种方法

1. 土地整理

（1）造林地：根据坡度和劳力情况进行穴垦、全垦和带垦。

（2）育苗地：播种前一年秋冬深耕 25 ～ 30cm。播种前半个月每亩施腐熟氮肥等有机肥 2600 ～ 3000kg，耙细整平，做成宽 100 ～ 120cm、高 15 ～ 20cm 的苗床，四周开好排水沟。

2. 播种育苗

（1）种子处理：秋播可直接播种，但其春播种子应催芽处理。催芽方法主要有赤霉素催芽、温水浸种催芽和湿沙层积处理，其中湿沙层积处理最为常用。将 1 份种子与 5 份湿沙混合处理，沙的湿度以含水量 25% 左右为度，对其进行层积处理，窖内温度 0℃～ 5℃为宜。翌春，待种子露白时即可播种。

（2）播种期：不同地区的播种时间不同，主要有春播或秋播，生产上多采用春季播种。日平均气温稳定在 10℃以上时即可进行春播。

（3）播种方法：杜仲播种育苗多采用条播法，按株行距 10cm×（25 ～ 30）cm 开沟，秋冬沟深 5 ～ 7cm，春播沟深 3 ～ 5cm。播后盖土 2 ～ 3cm，盖草保持土壤湿润。每亩用种量 4 ～ 5kg。

（4）苗圃管理：幼苗出土后苗高 3 ～ 4cm 时，于晴天或阴天下午揭除盖草，仔细除草 1 次。在幼龄阶段忌干旱或烈日照射，要适当遮阴。旱季要及时喷灌防旱，雨季需注意防涝。幼苗有 5 片小叶时间除弱苗，每行留壮苗 25 ～ 30 株，并进行追肥、除草。第一二次每亩施人畜粪水 1500 ～ 2000kg。7 月左右为苗木生长旺盛期，每月追肥 1 次，每次每亩加施尿素 3 ～ 5kg。每亩产苗木 22000 ～ 30000 株。

（5）移栽定植：翌春萌芽前或于落叶后定植。株行距根据地势条件及种植目的而定，以剥皮为主者 2.6m 左右为宜，以采叶为主者 2m 左右为宜。株穴要挖深挖宽，施入堆肥与土充分拌匀，每窝栽 1 株壮苗，填土压紧，然后浇水。

四、田间管理

1. 除草　定植后到封林前，如未间作，则每年 6 月除草 1 次。如间作，则在翻地时进行除草，中耕时不可过深，以免伤根。封林后每年仍需除草1次。

2. 施肥 根据土壤的肥瘠情况，每年施肥1次，幼树每株施饼肥约0.2kg；成年树每亩施氮肥7～10kg，磷肥9～12kg，钾肥4～6kg。

3. 灌排水 定植后，应经常灌水，保持穴内土壤湿润，以利成活。干旱时应及时浇水，雨季应及时排除积水。

4. 整枝 每年冬季适当剪除树冠下部侧枝，促进主干生长，增加干皮产量。剪除下垂枝、病虫枝及枯枝，使树冠通风透光。

【病虫防治】

一、病害

1. 立枯病 4～6月多雨季节发生，危害幼苗。感病幼苗茎基部腐烂变为褐色，继而倒伏死亡。

防治方法：发病期间，需用50%多菌灵1100倍液浇灌。

2. 根腐病 4～6月多雨季节易发病。主要危害根部。病菌先从须根、侧根侵入，逐渐传染至主根，然后根皮逐渐腐烂萎缩，叶片萎蔫，苗茎干缩变褐，严重时造成整株枯萎死亡。

防治方法：实行轮作；发病初期用50%托布津1100倍液浇灌。

3. 猝倒病 4～6月发生。主要危害幼苗茎基，感病后很快干缩倒伏。老苗病床菌多，幼苗长势不旺也易发病。

防治方法：发病时用1：1：200波尔多液，每平方米用1kg左右药水进行喷洒，12天左右喷洒1次，共喷3次。

二、虫害

刺蛾类 种类很多，有青刺蛾、黄刺蛾、褐刺蛾、扁刺蛾等，夏、秋季时幼虫咬食叶片。

防治方法：用2.5%溴氰菊酯乳油3000倍液喷雾；人工消灭越冬虫茧；利用成虫趋光性进行灯光诱杀。

甘 草

【基原】

本品为豆科植物甘草 *Glycyrrhiza uralensis* Fisch、胀果甘草 *Glycyrrhiza inflata* Bat 或光果甘草 *Glycyrrhiza glabra* L. 的干燥根及根茎。

【适宜生境】

广泛分布于温带干旱半干旱地区，暖温带、寒温带大陆性季风气候区内。北纬 37°～ 47°、东经 73°～ 125°均有分布。喜干燥、凉爽气候。耐旱、耐寒、喜光。甘草原野生于草原的钙质土上，是抗盐性强的植物。其根入地深，能吸收地下水，适应寒冷和干旱的环境条件，能耐 -30℃左右的低温。在夏季炎热的荒漠、半荒漠地带生长良好，同时也有耐高温的能力。甘草是强喜光植物，如光照不足会造成茎长而细、叶片变薄，长期遮光会导致死亡。

对土壤适应性较强，适合生长于各种类型的钙质土壤上，尤其喜生于沙壤土和沙土，在黏性土壤中生长差。土壤含盐量 0.2%、pH 8.0 是最适条件。

【栽种技术】

一、生长习性

每年的春季 3 ～ 4 月份植株开始发芽，6 ～ 8 月开花结实，8 ～ 10 月种子成熟。

二、繁育方法

甘草的繁育方法有 3 种，分别是种子繁殖、根茎繁殖和分株繁殖。

1. 种子繁殖 宜在四五月，气温 25℃～ 30℃时播种。甘草种子种皮坚硬，播种前要对种子进行处理，种子的处理方法有高温浸种法、沙磨浸种法和发酵法 3 种。

（1）高温浸种法：将种子放入 100℃的开水中浸泡，水量为种子量的 2 倍，放入种子后搅拌至自然冷却，再继续浸泡 6 ～ 8h，将种子用清水冲洗后即可进行播种。

（2）沙磨浸种法：将种子与1/3倍的细沙拌匀后放入容器内研磨5min，磨至种子表面有划痕、表面失去光泽时去净细沙，然后在60℃的温水中浸泡6～8h，捞出后用清水洗净即可进行播种。

（3）发酵法：在播种前1个月进行发酵处理，即按1份种子、20份新鲜马粪的比例混合均匀，加入适量水使其达到能手捏成团、松开即散的状态即可，然后堆在向阳处。再盖10cm厚的马粪，然后覆盖塑料膜，约7天后撤去薄膜，并减少加盖的马粪，掺些水再继续堆积。一般经30～40天的发酵，种子失去光泽后可进行播种。此法播种时带施种肥，发芽率高，安全可靠。

2. 根茎繁殖 植株的横走茎较为发达，其节上的腋芽长出地面后，会发育成新的植株，植株地下部分可生出新根，新根不断加粗伸长发育成新的粗大根系。选择长1cm左右的根茎，切成长20cm左右的段，每段应有3～5个不定芽。然后穴栽或条栽即可。栽种时间为每年4月上旬或10月下旬。

3. 分株繁殖 在春季或秋季时挖出老株旁长出的新株对其进行移栽即可。

三、栽种方法

1. 选地整地 通常选择土质疏松、土壤肥沃、土层深厚、排水良好、地下水位较低（1.5～2.0m）、微碱性的沙质土。地下水位高、涝洼地、土壤黏重和偏酸性地区不适合种植甘草。

深耕50cm左右，每亩施腐熟厩肥2700kg左右或15kg磷酸二铵作底肥。耕翻后整平耙细，而在降水量较多的地区，宜做成高20cm、宽1.1m、垄距65cm左右的高畦。

2. 栽培

（1）种子育苗栽培

①播种：播种时间以春季较好，无浇水条件的地区最好在7～8月的雨季播种。按行距45cm左右，播种深度2.5cm左右进行条播，播后进行适当镇压。直播的播种量要根据甘草的生长期来定：若2年收获，则播种密度应

较大，一般每亩播种量在4kg左右；若3～4年收获，则播种密度不宜过大，一般每亩播种量为1～1.5kg。

②育苗移栽：4月中旬日平均气温稳定在5℃以上时播种。按行距26～30cm、播种深度2～3cm进行条播，播后进行适当镇压。每亩播种量在13kg左右。育苗移栽一般会在第二年春季进行，移栽时按行距40～50cm，挖25～30cm深的沟，将甘草倾斜30°～45°放入沟中，再覆土镇压，这样有利于根茎的采收挖掘和生长发育。

（2）根茎育苗栽培：栽种期，春季以4月上旬、秋季以10月下旬为宜。多采用穴栽或条栽，株行距25cm×45cm、深度16cm。干旱地块和盐渍化荒地，深度可达到20cm。播后适当压实。

（3）分体育苗栽培：在春秋季时挖出老株旁长出的新株，再按照育苗移栽的方式另行移栽。

四、田间管理

1. 间苗定苗 直播者当年苗长出2～3片真叶时即可进行间苗，拔除病苗、弱苗、变异苗，当年苗按株距10～15cm进行定苗。

2. 除草 一般在出苗的当年进行，尤其在幼苗期要做到及时除草，而从第二年起甘草根开始分蘖，杂草很难与其竞争，不再需要除草。

3. 施肥 播种前要施足底肥，以厩肥为好。播种当年可在早春追施磷肥，在冬季封冻前每亩可追施有机肥2000～2400kg。甘草根的根瘤有固氮作用，一般不施氮肥。

4. 灌水 出苗前后要始终保持土壤湿润。具体灌溉应视土壤类型和其盐碱度而定，沙性无盐碱或微盐碱土壤，播种后即可灌水；若土壤黏重或盐碱较重，应在播种前浇水，抢墒播种，播后不灌水，以免土壤板结和盐碱度上升。植株长成后可以不再浇水。

【病虫防治】

一、病害

1. 锈病 这是栽培甘草的主要病害，主要危害叶片。春季幼苗出土后即在叶背后生出圆形、灰白色小疱斑，发病后期整株叶片布满粉堆。病株显矮小，丛生，死亡率均高于95%。

防治方法：发病初期可用25%粉锈宁1500倍液喷施。

2. 褐斑病 一般在7～8月发生，是甘草生长后期常见的叶部病害。受害叶片出现圆形或不规则形病斑，病斑边缘褐色，中央灰褐色，在病斑的正反面均有灰黑色霉状物。

防治方法：在发病初期喷1∶1∶150波尔多液或70%甲基托布津1500～2000倍液；而在发病期喷施65%代森锌500倍液或50%多菌灵500倍液。

3. 白粉病 主要危害叶片。染病叶片正反面均产生白粉，后期叶黄甚至枯死。

防治方法：可喷施波美0.2～0.3度石硫合剂。

二、虫害

1. 宁夏胭珠蚧 这是一种刺吸式害虫，危害甘草的根部。甘草各产区均有发生。5～6月份受害状不明显，6月下旬后可见受害株下部叶枯黄，7月中旬后达到受害状高峰期，受害严重的植株根茎腐烂，死亡植株顶部呈青枯状。

防治方法：虫害盛期可用2.5%溴氰菊酯乳油3000倍液喷雾，无风的中午前后是最佳的施药时间；4月中旬前后，可用50%锌硫磷根施，每亩0.5kg，一般可在雨前或雨后进行开沟、施药、覆土；在株体尚未成熟前的6～7月挖甘草，株体会因脱离寄主而死亡，可以减轻翌年虫害的发生量。

2. 跗粗角萤叶甲 此为甘草的主要害虫，危害甘草的地上部分。严重时仅剩叶脉和茎秆，造成植株细弱甚至死亡。

防治方法：在5～6月份发现虫害较大密度出现时，可用2.5%溴氰菊酯乳油2000倍液喷雾；越冬前清园，降低害虫的越冬成活率。

3. 叶蝉 甘草各产区均有分布，其中长江以南发生最为严重。8月份为害最严重。成虫和幼虫危害叶片。为害初期，叶片正面出现黄白色小点，之后叶片失绿或呈淡黄色，叶背可见虫蜕。严重时全叶苍白甚至提前落叶。

防治方法：用2.5%的溴氰菊酯乳油2000倍液喷雾防治；还可以用草

蛉、瓢虫等天敌进行防治。

4. 短毛草象 这是取食甘草茎叶的一种害虫。5 ～ 9 月均可为害，导致叶片残缺而影响产量。

防治方法：甘草生产田地避免靠近林带；选用 2.5% 溴氰菊酯乳油 2000 倍液喷雾防治。

5. 甘草豆象 成虫取食甘草叶，幼虫主要危害贮藏的甘草种子。

防治方法：在结荚期用 2.5% 的溴氰菊酯乳油 2000 倍液喷雾防治。

枸杞子

【基原】

本品为茄科植物宁夏枸杞 *Lcium barbarum* L. 的干燥成熟果实。

【适宜生境】

枸杞分布于东经 80°～ 120°、北纬 30°～ 40°的区域，枸杞的适应性强，耐寒，耐盐碱，耐沙荒。在 –25℃越冬时无冻害，耐干旱，根系发达，可深达 6m 左右。在沙壤土、沙荒地、壤土、盐碱地上均能生长。栽培枸杞喜光、喜凉爽、喜肥，生命力强，寿命可长达 50 年以上。

【栽种技术】

一、生长习性

枸杞为茄科多年生小乔木或落叶灌木植物，喜冷凉气候，耐寒力很强。当气温稳定在 7℃左右时，种子即可萌发，幼苗可抵抗 –3℃低温。春季气温在 6℃以上时，春芽开始萌动。枸杞在 –25℃越冬无冻害。

二、繁育方法

繁育方法多采用扦插繁殖的方法，少有种子繁殖。

1. 留种　选择枝节间短、粗壮、刺少、生长健壮、无病虫害的 5 ～ 6 年以上的植株作种株，于当年 6 ～ 11 月选摘果大色红、含糖量较高的成熟果实，搓选出饱满种子，晾干后即可播种。如不能及时播种可将种子与 3 倍的湿沙混合放入木箱中置于 20℃左右的室内，上盖塑料薄膜，保持湿润，翌春在 30% ～ 50% 的种子露白时进行播种。

2. 扦插

（1）扦插条采集：于枝条萌动前或 3 月下旬，选择形成木质化的、粗 0.4 ～ 0.6cm、生长健壮的枝条，剪成 12 ～ 15cm 长作扦插条。

（2）扦插时间：一般在 3 月下旬或 4 月上旬，枝条萌芽前扦插。

（3）扦插方法：按 10cm 株距、40cm 行距，开沟插入，填土踏实，插条上端 1 ～ 2cm 露出地面，浇小水保墒。

三、栽种方法

1. 选地整地

（1）育苗地：宜选择阳光充足、地势平坦、灌溉方便、土质深厚疏松、土壤 pH ＜ 8、排水良好的沙壤土。秋季深翻土地，施入厩肥 2000 ～ 2500kg。冬季灌水。翌年开春土壤解冻时，再翻地 25 ～ 30cm，做成 1 ～ 1.5m 宽的高畦。

（2）种植地：宜选用含盐量在 0.3% 以下的沙壤土或冲积土。于前一年秋季进行全面翻耕，翌年春季耙平后挖好定植穴，浇灌底水并施足基肥，然后进行移栽定植。

2. 播种

（1）育苗：在春、夏、秋三季都可进行育苗，在春季 3 月下旬播种较好。在整好的育苗床上，按行距 30 ～ 40cm，开宽 3 ～ 5cm、深 22cm 的播种沟进行条播。将催芽后的种子与 10 倍细沙拌匀，均匀撒入沟内，播后覆盖细湿土。稍加镇压后在畦面上盖草，保温保湿，种子出苗后及时撤除覆草。枸杞种子小，千粒重约 1g。每亩播种量在 0.18 ～ 0.2kg。

（2）移栽定植：春节栽植以 3 月下旬至 4 月上旬定植为好，此时成活率较高。秋季栽植应在 9 月下旬至 10 月中旬进行。栽植可采用垄植的方法，按株行距 1.5m×1.8m，挖 40cm×40cm×40cm 的栽植坑，每亩约栽植 240 株。栽植时坑内先施入 2 ～ 3kg 和熟土拌好的腐熟农家肥，肥上覆盖 10cm 厚的细熟土，然后放入直立健壮并带有 3 ～ 5 条须根的枸杞苗，栽正后覆土，高出地面 8 ～ 10cm，使其呈龟背形。栽后灌水 2 ～ 3 次，可以提高成活率。

四、田间管理

1. 苗期管理 一般播后 7 ～ 10 天出苗，苗木生根期灌水应多次少量，速生期应少次多量，生长后期控制灌溉并及时排除积水。苗期一般追肥 2 次，每次每亩施加尿素 5 ～ 10kg，并可根据苗情配施适量磷肥和钾肥。当年生幼苗生长至 3 ～ 5cm 时应按株距 3 ～ 5cm 进行第一次间苗。当幼苗高 8 ～ 10cm 时，按株距 10cm 左右进行定苗。每亩保苗 10000 ～ 20000 株。

当实生苗生长至 20 ～ 30cm 高时，应及时除去苗木基部的侧芽。插条发芽生长至 3 ～ 5cm 长时，从萌发的侧枝中选定一健壮枝，并及时除去苗木基部的其他侧芽。当幼苗生长至 70cm 时，摘心定型，控制生长，即可培育出健壮的苗木。

2. 枸杞园管理

（1）翻地：枸杞园的翻晒一般每年 2 次，分别在春季和秋季进行。春季一般在 3 月下旬至 4 月上旬进行，此次翻晒深度要浅，一般为 10 ～ 15cm 即可。秋季一般在 9 ～ 10 月进行，此次翻晒深度要深，一般为 20 ～ 25cm，但在树冠下要翻晒浅一些，以防伤根。

（2）施肥：基肥以农家肥为主，复合肥为辅，秋季施肥最佳。追肥以速效化肥为主，腐熟的有机肥为辅。一般情况下，3 年以上（盛果期）的枸杞每亩年施肥 8 ～ 9 次，需保证尿素 250kg、磷酸二铵或过磷酸钙 200kg、优质厩肥 2500kg。

（3）灌水与排水：灌水根据田地及植株的生长情况而定。一般 2 ～ 3 年生的幼龄植株每年灌水 5 ～ 6 次，灌水时间掌握在 6 ～ 9 月及 11 月，每月 1 次。4 年以上的植株在 6 ～ 8 月灌水，每月还要增加 1 次灌水。每年灌水次数达到 6 ～ 8 次。生长期内若遇到雨多积水，要及时排水。

（4）整形与修剪：为了培育骨架稳固、树冠平整、通风透光的丰产树型，要在适当时期对幼树、成年树和老树进行修剪整形，剪去徒长枝、密生枝和病虫枝。为促进果实发育最好将树型修剪成“主干分层形”，即树高 2m 左右，从主干上放出主枝，在中央主干上呈 3 层分布，各层间有一定间距，主枝与中央主干呈一定角度，向外张开，通风透光。

【病虫鸟害防治】

一、病害

1. 炭疽病　又称枸杞黑果病，是毁灭性病害之一，可使枸杞减产 50% 左右，严重时可达 80% 以上。发病期在 5 月中旬至 6 月上旬，危害枸杞果实。受害青果染病初期首先出现数个小黑点或不规则的褐色斑，病斑迅速扩大，2 ～ 3 天蔓延至全果，黑果缢缩。

防治方法：秋冬季清园时，除去病枝、病果，深埋或烧毁，及时排除田间积水，控制田间湿度；在发病期喷施 0.1% ～ 0.3% 尿素液，使枸杞叶面光亮，树势增强，并增强抗病能力；在阴雨季节喷洒波尔多液预防，发病时可用代森锰锌和甲基托布津交替喷洒防治。

2. 根腐病　6 ～ 8 月发病，主要危害根部。发病时受害植株的须根发黑腐烂，皮层变褐色。

防治方法：平整园地，及时排水；翻晒园地，使其根部周围耕作层得到充分暴晒；发病初期，用 50% 甲基托布津 1000 ～ 1500 倍液或 50% 多菌灵 1000 ～ 1500 倍液浇灌根部；发现叶片发黄、枝条萎缩、侧枝枯死的植株，立即拔除，病穴用 5% 的石灰乳消毒，以防蔓延。

3. 流胶病　为枸杞常见病害之一，常在夏季发生，危害树干。其发病特征是树干受害部位的树皮似火烧而呈焦黑状，皮层和木质部分离。从中分泌泡沫状、带黏性的黄白色胶液，有腥味，常有苍蝇和黑色金龟子聚吸，严重时导致全株死亡。

防治方法：用刀将被害部位的皮层刮净，再用多菌灵原液或 2% 的硫酸铜溶液或波美 5 度的石硫合剂将其涂刷。

4. 白粉病　7 月下旬至 9 月上旬发病严重。主要危害叶片和嫩枝。受害的叶片两面呈白色粉状，霉层，发病后期病叶枯黄坏死并且叶片常有早落现象。

防治方法：3 月上旬枝条萌发前喷一次 1∶1∶100 波尔多液，7 月上旬喷洒 25% 粉锈灵 800 倍液、50% 多菌灵 500 倍液等，根据病情可喷洒 2 ～ 3 次，间隔为 10 ～ 15 天。

5. 灰斑病　夏季高温多湿季节发病，主要危害叶片。发病初期，叶片表面病斑呈圆形或近圆形，中央部为灰白色，边缘呈褐色。发病后期，病斑变褐色并易干枯，叶片背面和果实多生有淡黑色的霉状物。

防治方法：严禁使用带病的种苗；秋冬季节清园，减少越冬菌源；加强栽培管理，增施有机肥和磷肥、钾肥，提高植株的抗病能力；发病前喷 1 次 1∶1∶150 波尔多液；发病期，喷洒 77% 可杀得 600 倍液或 50% 多菌灵 500 倍液，每 10 ～ 15 天喷 1 次，连续喷 3 ～ 4 次。

二、虫害

1. 枸杞蚜虫 5月中旬至7月中旬蚜虫密度最大。危害植株的顶梢、嫩芽、花蕾及青果等。蚜虫吮吸汁液，使受害枝叶卷缩，严重时花、果、叶表面全被它的分泌物覆盖，致使枸杞大面积减产。

防治方法：9月中下旬在蚜虫产卵前，用50%的灭蚜净3000倍液或10%的吡虫啉可湿性粉剂1500倍液进行防治；加强除草，清除残枝并及时将其烧掉。

2. 枸杞木虱 3～4月开始活动，5～6月间暴发，秋季新叶重新生长时再次盛发。危害幼枝，使树势衰弱。早期落叶，受害严重时全株遍布成虫及卵。

防治方法：同枸杞蚜虫。

3. 枸杞瘿螨 5～6月展叶时形成虫瘿，8～9月危害达到高峰。主要危害叶片、嫩梢、花瓣、花蕾及幼果，被害部位呈紫色或黄色痣状虫瘿。

防治方法：4月左右枸杞新叶萌发、新梢生长时进行防治；结合防治蚜虫、木虱、锈螨，用45%～50%硫黄胶悬剂300倍液喷洒树冠；掌握当地出瘿成螨外露期或出蛰成螨活动期，喷洒波美0.5度石硫合剂、4%杀螨威2000倍液2～3次。

4. 枸杞锈螨 4月中旬植株展叶后开始危害，5～6月是危害高峰期，8月萌出新叶时出现第二次繁殖高峰。主要危害叶片，常集群密布于叶片吸取汁液，使叶片变成铁锈色而使其早落。

防治方法：基本同枸杞瘿螨；用50%硫黄胶悬剂300倍液于5月上旬喷洒树冠。

5. 枸杞负泥虫、枸杞跳甲、枸杞小跳甲 6～7月危害叶片，使叶片残缺不全。

防治方法：忌与茄科作物间种或套种；幼虫期可使用1.3%苦烟乳油1000倍液进行喷洒或用1.8%阿维菌素1000倍液喷洒防治。

6. 枸杞黑盲蝽 盛发于7月。危害幼枝及叶片，刺吸枝、叶及花果汁液，降低果实产量和质量，使树势衰弱，影响其生长发育。

防治方法：同枸杞负泥虫。

7. 枸杞蛀果蛾 俗称钻心虫。4 月中下旬第一代幼虫危害新梢；6 月第二代幼虫危害果实；7 月下旬至 8 月中旬第三代幼虫危害果实达到盛期；8 月底至 9 月初第四代幼虫主要危害秋果及花蕾。

防治方法：秋季消灭树干皮缝中的越冬蛹；夏季当幼虫从枝梢下到树干基部或地面化蛹之前，在主干中部缠绕数圈草绳诱惑幼虫，注意随时检查消灭。

8. 枸杞黄蓟马 4 月中旬当叶开放后成虫开始活动，6 ～ 7 月危害最严重，主要危害叶片。成虫群聚于叶背面，造成微细的白色斑驳，排泄的粪便常呈黑褐色污点密布叶背面，被害叶略呈纵向反卷，严重时叶片早期枯落，生长受到抑制。

防治方法：同蚜虫。

9. 枸杞实蝇 俗称果蛆、白蛆。幼虫食害果实。被害果实表面呈白色斑点，并萎缩呈畸形，果肉被吃空且塞满虫粪，被称为“蛆果子”。

防治方法：每年 4 月底至 5 月上旬可进行土壤拌药处理，用 3% 辛颗粒剂拌土撒施，施后立即灌水，每亩施用 2 ～ 3kg；采果期将虫果单独摘除销毁，可减少一部分虫果量。

三、鸟害

果实成熟后特别容易被鸟啄食，大大降低枸杞的产量和品质。其中危害最严重的当属麻雀。

防治方法：现在大多采用拉网遮拦的方法防护，也可采取惊吓、驱赶的办法减少危害。

藿　香

【基原】

本品为唇形科植物藿香 *Agastache rugosa*（Fisch. et Mey.）O. Ktze. 的新鲜或干燥老茎。

【适宜生境】

藿香的原产地为菲律宾热带地区，我国热带、亚热带地区有引进种植。种植的适宜温度为 27℃～28℃，年降水量为 1800～2000mm，且雨量分布均匀，相对湿度在 80% 以上。

【栽种技术】

一、生长习性

藿香喜温喜湿，怕低温，忌干旱。很少开花，即使开花也不结果。最适宜的生长温度为 27℃～28℃，尤其怕霜冻，一般气温低于 17℃时，生长缓慢，当低于 -2℃时则大部分植株死亡。苗期不耐烈日，等到成株则可在全光照下生长。对土壤要求较为严格，在排水良好、土层深厚、疏松肥沃、保水保肥能力强的微酸性沙壤土中生长良好，在黏土、石骨子土、低洼积水、干旱贫瘠的地方生长不良。

二、繁育方法

藿香的繁育方法有种子繁殖和宿根移栽两种。新藿香是用种子繁殖，当年 7 月可收全草。老藿香是指将留种的新藿香收过种子后，让其老根在原地越冬，翌春新苗出土后移至大田而获全草。一般认为新藿香叶子较多，切成的片子质量较好；老藿香梗子多，切成的片子质量较差。因而生产上多采用种子繁殖。

三、栽种方法

1. 选地整地　宜选向阳、低山、丘陵、平坝、排水良好、土层深厚较肥沃的沙质土壤或壤土。清明至谷雨将选好的地，每亩施厩肥 2500kg，深耕

30 ～ 45cm，细耙，整地作畦，以便于灌溉、排水和管理。

2. 播种 北方一般在 4 月 20 日左右顺畦按行距 25 ～ 33cm 划 2 ～ 3cm 深的小浅沟，将种子均匀撒入沟内，覆土 1cm，用脚踩一遍，土壤过干则应浇水。每亩用种量 0.8 ～ 1.0kg。

四、田间管理

1. 间苗补苗 当气温在 13℃～ 18℃、土壤有足够温度时，10 天左右出苗，当苗高 6 ～ 10cm 时应进行间苗或补苗。条播按株距 10 ～ 15cm 留苗，穴播按每穴留苗 3 ～ 4 株，如缺苗应随时补苗。

2. 中耕除草 在间苗补苗的同时注意松土锄草，在第一年第一次收获前应进行中耕除草 3 次。第一次在苗高 3cm 左右，第二次在苗高 12 ～ 15cm，第三次在苗高 21 ～ 24cm 时进行。中耕除草的同时结合追肥。封垄前应注意培土，以防植株倒伏。

3. 施肥 可与中耕除草结合进行，每亩施氮磷钾复合肥 15 ～ 20kg，施肥后应浇水。

4. 灌溉排水 藿香一般情况下不需灌水。若地势较高、干旱无雨时或在少雨地区，则需适时浇水。反之位置较低、雨水较多则应注意排水，以防烂根，同时在封垄前一定要清理沟道。

5. 收获后的管理 藿香系多年生宿根植物，老根不易死亡，因而 6 ～ 7 月份第一次收割后，应即时中耕施肥；15 天后主根萌发新芽，在苗高 21 ～ 24cm 时，再中耕施肥 1 次，到 10 月份又可得到收获（但产量不高，且大部分不易开花）。第二次收割后应即时中耕，并施冬肥，每亩用氮磷钾复合肥 15 ～ 20kg，施肥后培土，厚 6 ～ 9cm，以保护主根越冬，翌年即从根部萌发 2 ～ 5 个芽。按前一年的管理方法进行中耕除草、施肥等。若管理好，其产量可超过第一年很多。藿香只能连续收获 2 年，第三年大部分植株的老根已死，一般要全部翻耕，另种其他作物。

【病虫防治】

一、病害

1. 斑枯病 病原为真菌的一种半知菌。多在高温多湿季节发生，主要危害叶片。发病时在叶片正面形成圆形或近圆形的病斑，中央淡褐色、边缘暗褐色，后期产生淡黑色霉状物。

防治方法：藿香收获后，清除病残株，将其集中烧毁，消灭越冬病原菌；并结合喷药，给叶面喷施磷酸二氢钾，可提高植株抗病力；发病初期喷50% 多菌灵 800 ～ 1000 倍液或 50% 托布津 1000 ～ 1500 倍液，每天 1 次，连续喷 2 ～ 3 次。

2. 枯萎病 枯萎病是由真菌引起的根部病害。主要发生在 6 月中旬至 7 月上旬，在多雨、排水不良的地方发病尤其严重。要注意做好排水工作，降低田间湿度。

防治方法：同斑枯病。

3. 根腐病 根腐病常在盛夏高温多雨的酷暑季节发生，排水条件不好的地方发病尤为严重，主要危害根部。染病植株一般在地下根茎交界处发生腐烂，逐渐向上延至植株的地上部分，皮层慢慢变为褐色，腐烂，萎蔫后最终枯死。

防治方法：暑天进行遮阴处理，或用草覆盖；雨季到来时要及时排除积水，忌连作；发病后一定要及时将健壮枝条压埋入土，等到压埋至枝条萌生根系后，再把患病植株清除掉，并撒石灰消毒或用 50% 多菌灵 800 ～ 1000 倍液浇根部，防止病菌扩散、蔓延。

4. 角斑病 角斑病属细菌性病害。多在高温高湿的季节发生，特别是植株生长不良时发病更为严重，主要危害叶片。发病初期多见叶片出现水渍状病斑，以后逐渐扩大成为多角形褐色的病斑，严重时叶片出现干枯脱落。

防治方法：加强日常田间管理，及时排除积水，种植部分遮阴作物，改善通风透光条件；发病初期喷施 1 ∶ 1.5 ∶ 120 波尔多液，每隔 1 周左右喷 1 次，连续喷施 3 次左右。

二、虫害

1. 蚜虫 又叫藿香虱，蚜虫属同翅目，蚜科。以成虫和弱虫群危害为主，危害部位多为叶片、嫩梢。

防治方法：通常用 2.5% 鱼藤精乳油，稀释成 900 ～ 1000 倍液进行喷杀。

2. 红蜘蛛 主要危害叶片。

防治方法：一般可用 10% 吡虫啉 1000 倍液进行喷杀，效果明显。

3. 卷叶螟 幼虫通常在幼芽、幼叶上吐丝卷叶。

防治方法：可用 50% 辛硫磷乳油 1000 ～ 2000 倍液进行喷杀。

4. 地老虎、蝼蛄、蟋蟀 主要危害幼嫩根茎和幼苗。

防治方法：通常可用 50% 锌硫磷乳油做成毒饵诱杀或人工捕捉，采用黑光灯诱杀，效果明显。

红　花

【基原】

本品为菊科植物红花 *Carthamus tinctorius* L. 的干燥花。

【适宜生境】

红花喜温，适宜较干燥的气候，抗旱、耐寒、耐盐碱，对环境适应性较强，但怕高温、高湿，在花期尤其怕涝、怕梅雨。适宜生长在年平均气温 15.8℃～17.4℃、1 月平均气温 5℃～6.8℃、7 月平均气温 26℃～28℃、无霜期 290 天左右、降雨量 976mm 左右的地区。地势高、排水良好、中等肥沃的沙壤土适合栽培，重黏土及低洼积水地不宜栽培。

【栽种技术】

一、生长习性

红花属于温带作物，幼苗出土后植株贴近地面生长，叶片成簇如莲座状。南方 4 月、北方 6 月现蕾，1 个月后开花，花的颜色随花的生长不断发生变化，由淡黄逐渐变为深黄色，后期变成红色，再变为深红色，最后干枯凋谢。一般花期后 30 天左右种皮变白色，果实成熟。

二、繁育方法

通常采用种子繁殖法。选择植株健壮、株高适中、分枝多、花朵大、花色橘红、无病虫害的植株作留种株。霜降前后采收，种子以粒大、饱满、色正者为好。红花种子在贮藏期间的含水量应降至 8% 以下。播种前种子还应精选并用药剂拌种，使种子的纯度、净度、发芽率均达到 90% 以上。

三、栽种方法

1. 选地整地　红花对土壤的要求不严，但要获得较高的产量就要有良好的土壤。种植红花应选择地势平坦、土质深厚、排灌方便的沙壤土及轻黏土，同时四周开好围沟，便于排水；瘠薄的土壤影响产量及品质。红花忌连作，前茬以大豆、玉米、马铃薯为好，小麦次之。土壤含盐量应在 0.4% 以下，土壤 pH 在 7 ～ 8 之间。

红花根系入土深达 2m 以上，深耕必须达到 25cm 以上。地块在入冬前要秋耕冬灌，秋耕每亩深施有机肥 1000 ～ 1500kg。到春季，当土壤墒情适宜，人力机具可以进地时，进行土地整理，主要是犁地耕耙作业。播前土地整理要达到地表平整，表土疏松细碎，土块直径不超过 2cm。

2. 选种 选择整齐饱满、发芽率高的种子，播种后长出的幼苗整齐、健壮；发育不良的种子播种后，出苗先后不一，生长参差不齐，影响产量。红花籽粒饱满度测定法是根据悬浮剂与红花籽粒比重之间的关系，采用煤油作试剂，用未筛选的籽粒作测定样品，放于烧杯中，倒入试剂，以淹没为度，轻搅，静置几分钟，捞去浮着的秕籽，用沉淀籽粒播种。

3. 种子处理 红花籽粒在贮藏前要晒干，使籽粒的含水量降至 8% 以下，以防因其发热而霉烂变质，发芽率降低。

为了培育壮苗和防治病虫害，种子应精选并用药剂拌种，使种子的纯度、净度、发芽率均达到 90% 以上。可将种子放入 40℃～ 50℃的水中浸泡 10min，再放入冷水中凉透，捞出稍晾干，即可播种。也有的地方将种子丸衣化。在根部病害较多的地块，可用 0.3% 的多菌灵拌种。

4. 播种 红花在平均气温达到 3℃以上时即可播种，适时早播可延长幼苗的营养生长期，培育壮苗，为植株中后期的生长打下良好的基础。以条播为宜，必要时也可等距离点播，通常以方便间苗和定苗为准。在新疆，红花通常采用谷物播种机条播，播量一般为每亩 1.5 ～ 2.0kg，行距为 30 ～ 40cm，播种深度为 4 ～ 5cm，播种均匀一致，播后覆土 2 ～ 3cm，红花种植密度一般为每亩 19000 ～ 22000 株。

四、田间管理

1. 除草培土 除草的目的是疏松土壤，调节土壤、水、肥，加强土壤微生物活动和氧化还原作用，促进根系发育并消灭杂草。在红花生长期间，一般应除草 2 ～ 3 次，第一次在出苗后锄草与间苗同时进行，最后一次在生长期，并结合开沟培土，开沟深度 15 ～ 20cm，以利灌水和防止倒伏。

2. 施肥 红花是耐贫瘠作物，但要获得高产，必须施入一定量的肥料。施肥量的多少及施肥种类，根据红花对营养元素的需求量和土壤肥力确定。每生产 100kg 红花籽粒，大致需要纯氮 8 ～ 10kg、五氧化二磷 2.0 ～ 2.2kg、氧化钾 8 ～ 10kg。

施肥时注意四点：①重视有机肥和化肥的结合施用；②注意各种肥料的合理搭配；③注意微量元素的施用；④注意土壤的供肥能力和红花的需肥特征。

在红花的一生中，从生长期到分枝期，是红花的需肥敏感期，在这一阶段保证各种肥料的充分供应，则能取得最大的经济效益。基肥应在秋耕前施入腐熟农家肥，每亩拌入过磷酸钙 50 ～ 60kg；追肥应在红花生长期结合开沟培土，在浇头水前施入，每亩施尿素 10 ～ 15kg、磷酸二铵 50 ～ 60kg。在生长期或花蕾期喷施含有铜、钼、锌、硼等微量元素的微肥，可增加籽粒饱满度，提高千粒重，提高干花产量。

3. 灌溉 红花耐寒怕涝，灌溉次数和灌溉水量因气候、土壤和品种而异。红花种子发芽期间需要较高的土壤湿度，可加强秋冬灌水来保证早春的土壤墒情。

种植红花在分枝期、始花期和终花期一般需要各灌水 1 次。分枝期的灌水量一般为每亩 60m^3，初花期为每亩 80m^3，终花期为每亩 60m^3。如果遇到雨水偏多或偏少的年景，灌水量和灌水次数可酌情变化。

红花的灌溉方式一般采用细流沟灌或隔行沟灌，这样既可节约用水，又不会因积水导致病害的发生。

红花的灌溉时间以早晨或傍晚为宜，如红花植株在高温下浸泡 2h 以上，就可能发生死亡。如果土壤湿度在 15% 以上，或者在 2 ～ 3h 内有大雨时，最好不要灌溉，在终花期后一般不再灌水。如果灌水过多，会影响红花产量和含油量。

4. 轮作与倒茬 红花的前茬作物以玉米、马铃薯、大豆为佳，小麦次之。红花较之其他作物消耗地力少，可作为麦类作物的前茬。为了避免红花病虫的蔓延，切忌连作，对于水浇地尤其如此。

5. 地膜覆盖 在地膜覆盖条件下栽培的红花（简称覆膜红花），主茎高度、出叶速度、分枝情况与裸地红花相比总的变化规律是一致的，但在各个生长发育阶段，覆膜红花的生长发育进程明显快于裸地红花。覆膜红花的生长发育进程较裸地红花明显提前，有效开花结实期延长，可提高干花与种子产量。

【病虫防治】

一、病害

1. 锈病 病原属担子菌亚门冬孢菌科柄锈菌属。红花柄锈菌在高温高湿或多雨季节易发生流行病害，连作地发病严重。主要危害叶片、苞叶等部位。红花叶片受到病原菌侵害后出现蜜黄色病斑，叶面密生针头状黄色小颗粒；叶片背部散生锈褐色微隆起的小疱斑，后期形成暗褐色至黑褐色疱状物。严重时花的色泽差，种子不饱满，品质与产量降低。

防治方法：选择地势干燥、排水良好的地块种植；选育并推广抗病或早熟避病良种；播种前用 25% 粉锈宁按种子重量的 0.3% ～ 0.5% 拌种；控制灌水，雨后及时开沟排水；适当增施磷钾肥，促进植株健壮；发现病株后及时清除田间病株，并集中烧毁；发病初期和流行期喷洒 25% 粉锈宁 800 ～ 1000 倍液，或 97% 敌锈钠 600 倍液 2 ～ 3 次，每 10 天喷洒 1 次。

2. 枯萎病 又名根腐病。病原为尖镰孢红花转化型，主要危害根部和茎部，开花前后发病严重。病菌于苗期侵入，发病初期须根变褐、腐烂，扩展后引起支根、主根和茎基部维管束变褐色。发病严重时植株茎叶由下而上萎缩变黄，3 ～ 4 天全株枯萎死亡。

防治方法：选择地势高燥、排水良好的地块种植，雨季及时排除田间积水；选用健康的种子；播种前用 50% 多菌灵 300 倍液浸种 20 ～ 30min；发病初期及时拔除并集中烧掉病株，再用生石灰撒施病穴及周围土壤；发病期用 50% 多菌灵或甲基托布津 800 倍液浇灌病株根部。

3. 茎腐病 病原为核盘菌。在北方，6 月即可出现病株，7 月为盛发期。在排水不畅的黏性土中、湿冷环境下、邻油菜地或连作时容易发生此病。一般秋播的有刺红花，密植时发病率高。主要危害茎。导致茎的基部出现水渍斑，叶上有白色的菌丝体，植株发黄、萎蔫而枯死。

防治方法：实行水旱轮作；选育健壮、抗茎腐病的品种；及时松土，以减少病原基数；保持田间通气透光，排除积水以降低土壤湿度；适当增施磷钾肥，控制氮肥；防止机械损伤；并用生石灰消毒病区。

4. 炭疽病 病原为红花盘长孢菌，是红花的重要病害。主要危害叶片、叶柄、嫩梢和茎。叶片病斑呈褐色、近圆形，有时龟裂；茎上病斑呈褐色或暗褐色、梭形，互相汇合或扩大环绕基部。天气潮湿时，病斑上生橙红色的点状黏稠物质，即病原菌分生孢子盘上大量聚集的分生孢子。严重时造成植株烂梢、烂茎、折倒，甚至死亡。

防治方法：选用抗病品种；在分枝前开始喷洒 1∶1∶100 波尔多液、65% 代森锌 500 ～ 600 倍液，每隔 7 ～ 10 天喷一次，连续喷 2 ～ 3 次。

5. 花芽腐烂病 病原为灰葡萄孢菌。多发于湿度大的沿海地区或多雾多雨地区。在灌溉沟的边缘，因湿度较高也有发生。主要危害花。受害花头部变为淡绿色，逐渐变成白色，皱缩，停止生长。受害严重的花头会折断，这是由于苞片与花梗连接处的组织被损坏所引起的。

防治方法：同茎腐病。

6. 黄萎病 病原为黄萎轮枝孢菌。在含有大量氮和水分的冷黏结土壤中容易发生。生长期内的任何阶段都可发病。主要危害茎及叶。叶子脉间及叶缘变白，叶片从下部逐渐出现斑点，最后变为白色或棕色，维管束组织出现黑色。严重时植株发黄枯死。

防治方法：选用没有携带病菌、抗病品种的种子；同时用有抗性的作物如玉米、水稻、高粱、甜菜等和红花轮作。

二、虫害

1. 红花长须蚜 又名蛐虫。6 ～ 7 月红花开花时为害最重。一般雨季为害减轻，干旱时为害严重。以无翅胎生群集于红花嫩梢上吸取汁液，造成叶片卷缩起疱等。

防治方法：发现蚜虫时，可用七星瓢虫进行生物防治，或用 10% 的吡虫啉 2500 ～ 3000 倍液喷施防治。

2. 油菜潜叶蝇 又名豌豆潜叶蝇，土名叫叶蛆，在红花上发生普遍。主要是幼虫潜入红花叶片，以叶肉为食，形成弯曲不规则的、由小到大的虫道。危害严重时，虫道相通，叶肉大部分被破坏，以致叶片枯黄脱落，影响植株光合作用，进而影响产量。

防治方法：5 月初喷施 1.8% 阿维菌素乳油 3000 ～ 4000 倍液进行防治。

黄　精

【基原】

本品为百合科植物黄精 *Polygonatum sibiricum* Red. 的干燥根。

【适宜生境】

黄精对生长环境的选择性强，喜生于阴湿环境，在土壤疏松肥沃、土层深厚、表层水分充足、荫蔽但上层透光性充足的林缘、灌丛或林下开阔地带、排水和保水性良好的沙质壤土或黏壤土中生长较好。适合酸碱度适中的土壤，一般以中性和偏酸性土壤为宜。

【栽种技术】

一、生长习性

多生长于阴湿的山地灌木及林边草丛中，耐寒，幼苗能在田间越冬，但不宜在干燥地区生长。种子不易萌发，发芽时间长，发芽率为 65% ～ 70%，种子寿命为 2 年。

二、繁育方法

可采用根茎繁殖和种子繁殖，但生产上以根茎繁殖为主。于晚秋植株落叶后或早春 3 月下旬前后植株萌芽前，选取生长健壮、无病虫害的植株的地下根茎作为繁殖材料。

三、栽种方法

1. 选地整地　选择湿润林下、山林地缘或者有充分荫蔽的地块种植，土壤以质地疏松、肥沃、保水力好的壤土或沙壤土为宜。深翻土地，结合土地整理，每亩施腐熟肥 5000 ～ 6000kg，翻入土中作基肥，然后耙细整平，做成宽 1.1m 左右的畦，开畦沟宽 40cm，挖好排水沟。

2. 根茎栽种　选取根茎的先端幼嫩部分，截成数段，每段应有 2 ～ 3 个节，伤口稍加晒干收浆。栽种前做浸种处理，用多菌灵、生根剂浸泡 6h，捞出后用草木灰拌种后栽种。然后按行距 25 ～ 30cm、株距 10 ～ 15cm 开穴栽种，穴深 8cm 左右，每穴一段，覆土后稍加轻压并浇水，以后每隔 4 ～ 5 天浇水 1 次，使土壤保持湿润。若于秋末种植时，应在上冻前盖一些堆肥和草以保暖。

3. 育苗栽种　8 月种子成熟后选取成熟饱满的种子作种，然后按种子与沙土 1∶3 的比例混合均匀后进行沙藏处理，存于背阴处 30cm 深的坑内，保持湿润。待第二年 3 月下旬筛出种子，按行距 12 ～ 15cm 畦面上开浅沟播种，盖土约 1.5cm，稍镇压后浇水，并盖一层草保湿。出苗前去掉盖草，苗高 6 ～ 9cm 时适当间苗，1 年后按行距 25 ～ 30cm、株距 10 ～ 15cm 开穴栽种。

四、田间管理

1. 除草　幼苗生长较快，要及时进行除草松土，除草时间可酌情选定。注意除草和松土时宜浅不宜深，避免伤根。生长过程中也要适时培土，可以把垄沟内的泥巴培在植株根部周围，加快有机肥腐烂，防止根茎吹风或见光变色。

2. 追肥　追肥要结合除草进行，植株生长前期需肥较多，4 ～ 7 月要保证植株营养生长阶段有足够的养分吸取，可根据植株生长情况及土壤肥力，每亩施入人粪尿水 1200 ～ 2000kg。11 月施土杂肥 1200 ～ 1500kg，并与过磷酸钙 50kg、饼肥 50kg 混合均匀后，在阴天多云天气或下雨之前，将肥料在行间或株间开小沟施入，之后立即顺行培土盖肥。

3. 荫蔽　黄精出苗后，若无荫蔽条件则需搭设遮阴棚或床间种植玉米遮阴，遮阴棚高 2m，四周通风，到 10 月中旬左右除去遮阴棚。林下间做，遮阴效果好，遮阳网次之，人工搭设遮阴棚也可，调节其透光率在 30% 最佳。

4. 修剪打顶　在植株初花期可将黄精花蕾剪掉。

【病虫防治】

一、病害

黑斑病　多在春、夏、秋季发生，危害叶片。

防治方法：收获时清园，消灭病残体；前期喷施 1∶100 波尔多液，或者 50% 退菌特 1000 倍液，每 7 ～ 10 天喷施 1 次，连续喷 3 次。

二、虫害

蛴螬　幼虫危害根部。咬断幼苗或咀食苗根，造成断苗或根部中空。

防治方法：可用 50% 辛硫磷乳油 800 倍液灌根。

黄 芪

【基原】

本品为豆科植物蒙古黄芪 *Astragalus membranaceus*（Fisch.）Bge.var. *mongholicus*（Bge.）Hsiao 或膜荚黄芪 *Astragalus membranaceus*（Fisch.）Bge. 的干燥根。

【适宜生境】

黄芪耐寒、耐旱、喜光、喜凉爽、怕涝。适宜高山或高原气候。多生长在海拔 900 ～ 1300m 之间的山区或半山区的干旱、向阳山坡上，或向阳林缘树丛间，植物多为针阔混交林或山地杂木林，土壤多为山地森林暗棕壤土，不宜在过酸和过碱的土壤中生长。黄芪为深根性植物，平地栽培应选地势高、干燥、排水良好、疏松而肥沃的沙壤土，山区应选土层深厚、排水好、背风向阳的山坡或荒地栽种。地下水位高、土壤湿度大、质地黏紧、低洼易涝的黏土或土质贫瘠的沙砾土，不宜种植。

【栽种技术】

一、生长习性

黄芪从播种到开花、结实，需要 1 ～ 2 年，2 年以后每年可开花结果。于每年 3 月下旬至 4 月上旬开始萌芽，10℃以上陆续出土；到 6 月上旬二年生黄芪在叶腋中出现花蕾，7 月上旬开始开花，花期为 20 ～ 25 天；7 月中旬进入结果期，果期约为 30 天。

二、繁育方法

黄芪主要采用种子繁殖，选择 2 ～ 3 年生、健壮、无病虫害的植株留种。当果荚变黄、种子变褐色时分批采摘，晒干脱粒，精选后贮藏备用。在播种前必须进行种子处理，打破种皮的不透性，提高播种出苗率。处理方法：将种子用碾米机放大“流子”，机械串碾 1 ～ 2 遍，以不伤胚芽为宜。

三、栽种方法

1. 选地整地　选择向阳、排水良好、土质深厚的壤土。翻地 35 ～ 40cm，结合翻地，每亩约施腐熟厩肥或堆肥 2000kg，或复合肥 25 ～ 30kg 作基肥；混匀、整平耙细、起垄做畦，畦高 20 ～ 30cm，畦宽 130 ～ 140cm，畦间距 40cm，畦长根据地势而定。

2. 播种

（1）播种期：可在春、夏两季播种。北方春播，5cm 地温稳定在 15℃以上，4 月末至 5 月初播种；夏播，6 ～ 7 月份雨季播种，利于出苗，但不宜过晚影响越冬。

（2）播种量：大田直播每亩播种 2.5 ～ 3kg，育苗每亩播种 8 ～ 10kg（每亩秧苗可栽种 8 ～ 10 亩大田）。

（3）播种方法：有直播和育苗移栽两种方法，生产上多采用直播。直播时在畦面上按行距 20cm 左右开深 3cm 的沟，将处理好的种子均匀撒在沟内，覆土 1 ～ 1.5cm 即可，播种至出苗期要保持地面湿润或加覆盖物促进出苗。

3. 移栽　4 月上旬土地化冻后，选取头梢完整、大小均匀、分叉少、无病变的健壮一年生种苗，按行距 40cm，开深 15cm 左右栽植沟，将种苗按株距 10 ～ 12cm 均匀摆放在栽植沟内，覆盖 5cm 疏松软土并轻压。如干旱，要进行浇水，注意栽植过程中剔除老苗、小苗、病苗、分叉多的苗。

四、田间管理

1. 间苗定苗　当幼苗长至 5 片小叶片、苗高 10 ～ 12cm 时，可以间苗。间苗、锄草可同时进行，条播者每穴留苗 2 ～ 3 株。如有缺苗，及时带土补苗，利于成活。

2. 除草　种子直播者，一般在幼苗高 4 ～ 5cm 时，结合间苗进行 1 次除草。移栽苗起后，结合锄草把栽植沟抚平，以后根据田间草情每隔 6 ～ 10 天锄草一次。

3. 追肥　定苗后结合降雨追施 2 次肥，结合土壤肥力每亩追施复合肥 20 ～ 30kg，加速幼苗生长。第二次在初花期每亩追施有机肥 30 ～ 40kg，促进后期的生殖生长和根茎生长。

4. 灌溉排水 在苗期和返青期需水较多，这两个时期应及时灌水，干旱地区可结合追肥同时进行。其他时间不遇旱情一般不需要灌水。雨季注意排水。

5. 打顶摘蕾 除留种株外，6 月中旬出现花蕾时将其摘除，7 月底以前打顶。

【病虫防治】

一、病害

1. 白粉病 主要危害叶片、叶柄、嫩茎，严重时荚果也可发生。初期叶片两面生白色粉状物，严重时整个叶片被一层白粉覆盖，叶柄和茎部也有白粉。

防治方法：加强日常管理；实行轮作，但不要与豆科植物和易感染此病的作物连作；栽培管理粗放，特别是氮肥过多，植株生长过旺易引起病害。发病初期用 75% 肟菌脂戊唑醇 4000 倍液和 25% 苯醚甲环唑乳油 2500 倍液，7 ～ 10 天喷一次，连喷 2 ～ 3 次。

2. 根腐病 又称紫纹羽病，主要危害根部。须根首先发病，后不断扩大蔓延至侧根、主根，病根由外向内腐烂，染病植株叶片变黄枯萎，病株易从土中拔出，主根和茎基变为褐色，呈干腐状，湿度大时长出粉霉。多发生在高温多雨季节，种植地势低、易积水、黏性土质、通风不良处易发病，严重影响黄芪的产量和品质。

防治方法：实行轮作，与禾本科植物轮作 3 ～ 4 年后再种；移栽前用 50% 多菌灵 100 倍液浸种，注意排水，降低湿度；发现病株，及时清除病残体并烧毁，然后用石灰粉封穴消毒，防止蔓延；发病期用 50% 甲基托布津稀释 850 倍液和 25% 苯甲嘧菌脂乳油 1500 倍液进行浇灌。

二、虫害

1. 豆荚螟 6 月下旬至 9 月下旬发生，幼虫为害豆荚，将种子吃成缺刻，荚内充满粪便，引起霉烂。

防治方法：避免与豆类作物连作或套种。在发生期喷 0.36% 苦参碱水剂

1000 ～ 1500 倍液喷施；在成虫盛发期选用高效低毒农药 10% 杀灭菊酯乳油 2000 倍液喷施。也可用白僵菌粉进行生物防治。

2. 蚜虫类 以槐蚜为主，多集中在叶片、嫩梢和花穗上。

防治方法：用 5% 的吡虫啉 2000 ～ 3000 倍液进行喷洒治疗，约每周 1 次，直到没虫为止。

黄 芩

【基原】

本品为唇形科植物黄芩 *Scutellaria baicalensis* Georgi 的干燥根。

【适宜生境】

多生于山地或高山、高原等地，常见于海拔 700 ～ 1500m、温暖凉爽、半湿润半干旱的向阳山坡、林缘、路旁或草原等处，林下阴地不多见，在中心分布区常以优势种群与一些禾草、蒿类或其他杂草共生。常分布在中温带山地草原、半干旱地区，喜阳、喜温，抗严寒能力较强。适宜野生黄芩生长的气候条件一般为年平均气温 -4℃～ -8℃，最适年平均温度为 2℃～ 4℃，成年植株的地下部分在 -35℃低温下仍能安全越冬，35℃高温不致枯死，但不能经受 40℃以上连续高温天气。年降水量要求比其他旱生植物略高，在 450 ～ 600mm。土壤要求不甚严格，中性或微酸性均可，并含有一定腐殖质层，在粟钙土和沙质土中生长良好，排水不良、易积水、过黏、过沙的土壤不宜栽培。

【栽种技术】

一、生长习性

黄芩多生于山地或高山、高原等地。喜阳光，抗寒能力强。黄芩在春季播种，地温 15℃～ 18℃时 10 天左右出苗，3 ～ 5 天出齐。于 6 月开花，花期长，可长达 3 个月之久，直至枯霜期。果实 8 ～ 9 月成熟，成熟期不一致。第二年 4 月中下旬返青，早春怕干旱，怕地内积水或雨水过多，生长发育过程与第一年基本相似。二年生、三年生开花期和结果期比一年生提前几天，植株高度、单株地上鲜重则逐年明显增高，根长、根粗和鲜根也逐年增加。二年、三年的黄芩商品性状好，为条芩，而生长四年以上者，虽地上植株生育和根系增重也有所增加，但根头中心部分易出现枯朽。

二、繁育方法

黄芩在生产上主要采用种子繁殖。选择 2 ～ 3 年的生长健壮、无病虫害的植株留种，8 ～ 9 月种子成熟，待果实呈淡棕色时采收，种子成熟期不一致，且极易脱落，需随熟随采，最后可连果枝剪下，晒干打下种子，去除杂质备用。

三、栽种方法

1. 选地整地

（1）种植地：宜选排水良好、阳光充足、土层深厚、肥沃疏松的沙质壤土，忌连作。翻地 35 ～ 40cm，结合翻地，每亩施腐熟厩肥或堆肥 2000kg 左右，或复合肥 25 ～ 30kg 作基肥；混匀、整平耙细、起垄做畦，畦高 20 ～ 30cm，畦宽 130 ～ 140cm，畦间距 40cm，畦长根据地势而定。

（2）苗床地：同上。

2. 播种

（1）种子处理：将种子按 200 ∶ 1 的比例用 50% 多菌灵拌种，进行种子消毒。

（2）播种期：可在春、夏两季播种。北方春播，5cm 地温稳定在 15℃以上，4 月末至 5 月初播种；夏播，6 ～ 7 月份雨季播种，利于出苗，但不宜过晚影响越冬。

（3）播种方法：一般采用条播，按行距 25 ～ 30cm，开 2 ～ 3cm 深的浅沟，将拌有肥料、农药的黄芩种子均匀撒入沟内，覆土 1cm 左右，耙平，稍加镇压，喷水，隔 10 天再喷洒 1 次水，保持地面湿润，15 天左右出苗。每亩用种量 1.5kg 左右。

3. 育苗移栽 育苗田每亩用种 8 ～ 10kg，春播于第二年春季萌芽前挖出，移栽至大田。4 月上旬土地化冻后，选取大小均匀、无病变的健壮一年生种苗，按行距 30cm，开深 15cm 左右栽植沟，将种苗按株距 10 ～ 12cm 均匀摆放在栽植沟内，覆 5cm 疏松软土后轻压。如干旱要进行浇水，注意栽植过程中把老苗、小苗、病苗、分叉多的苗剔除。

四、田间管理

1. 间苗定苗 种子直播者需要间苗定苗，待幼苗出齐，苗高 5cm 以后，结合田间除草分 2 ～ 3 次去掉过密和瘦弱小苗，按株距 8 ～ 10cm 定苗。对缺苗部位进行带土移栽，栽后及时浇水，利于成活。

2. 除草 播种或移栽田，在出苗期都应保持土壤湿润，适当松土、除草。定植和间苗后视田间情况决定除草次数，一般要除草 3 ～ 4 次。

3. 追肥 定苗后结合降雨追肥 2 次，根据土壤肥力，每亩追施复合肥 20 ～ 30kg，加速幼苗生长。第二次在每年 6 ～ 7 月间是幼苗生长发育旺盛期，每亩追施有机肥 30 ～ 40kg，以促进后期生殖生长和根茎生长。留种田地于开花前多施追肥，促进花朵旺盛，结籽饱满。

4. 灌溉排水 黄芩苗期生长缓慢，根系浅，怕旱，所以苗期遇干旱 5 ～ 7 天浇一次透水。苗稍大之后，如不遇特别干旱，一般不再浇水，以利蹲苗，促进根深扎。黄芩怕涝，雨季及时排除田间积水，避免烂根死苗，降低产量和品质。

5. 剪花枝 二年生的苗子在 4 月份开始返青，6 ～ 7 月抽薹开花。若不需要采种，应在现蕾后、开花前，将花枝剪掉，减少养分消耗，促进根部生长，增加药材产量和质量。

【病虫防治】

一、病害

1. 叶枯病 主要危害主根。发病初期地上部分叶片正常，根部出现褐色病斑，其上长有灰白色菌丝体，后期主根皮层全部腐烂，植株枯死。

防治方法：选择地势高、通风好、土壤疏松的地块种植；与禾本科作物进行 3 ～ 4 年轮作；秋后清园，消灭越冬菌源，除净带病的枯枝落叶；及时挖除病株，并在病穴撒石灰粉消毒；发病初期用 50% 多菌灵 1000 倍液喷雾，每隔 7 ～ 10 天喷药 1 次，连续喷洒 2 ～ 3 次。

2. 根腐病 栽植 2 年以上者易发病，危害根部。受害植株根部呈现褐色病斑以致腐烂，全株枯死。

防治方法：雨季注意排水，田间通风透光，加强中耕除草，降低田间湿度；发病期用 50% 甲基托布津稀释 850 倍液和 25% 苯甲嘧菌脂乳油 1500 倍液进行浇灌。

二、虫害

1. 黄芩黄翅菜叶蜂 主要以幼虫蛀荚为害，也可食叶为害，是危害黄芩种子生产的最重要害虫，对黄芩种子生产造成严重威胁。

防治方法：在黄芩结荚初黄翅菜叶蜂开始产卵为害时，及时使用 5% 甲维盐乳油 3000 倍液，或 4.5% 高效氯氰菊酯乳油 1500 倍液，或 50% 辛硫磷乳油 1000 倍液喷雾进行防治。

2. 黄芩舞蛾 以幼虫为害叶片，幼虫在叶背做薄丝巢内取食叶肉，仅留上表皮。

防治方法：秋后清洁田园，清除病残茎叶，消灭越冬虫源；发生虫害期用 4.5% 高效氯氰菊酯乳油 1500 倍液喷雾防治。

桔 梗

【基原】

本品为桔梗科植物桔梗 *Platycodon grandiflorum*（Jacq.）A. DC. 的干燥根。

【适宜生境】

桔梗喜温暖、湿润、阳光充足的生长环境，能耐寒，怕积水，怕大风。在土壤深厚、疏松肥沃、富含腐殖质和有机质、排水良好的沙质壤土中生长良好，土壤水分过多或积水易引起根部腐烂。多生于海拔 1200m 以下的丘陵地带，适宜的气候条件为年均气温 9℃～14℃、年降雨量 900～1200mm、年均日照时数 1600h 以上、年均湿度 80%。

【栽种技术】

一、生长习性

桔梗为阳生植物，全生育期要求光照充足，怕积水，怕大风。适宜的生长温度为 12℃～20℃，能忍受 -20℃低温。桔梗为深根性植物，桔梗苗高 6cm 以下时，生长缓慢；苗高 6cm 以上至开花前的 4～5 月，生长加快；6～7 月为生长旺盛期，开花后减慢；6 月下旬至 9 月孕蕾开花，8 月陆续结果，坐果率可达 70% 左右，果熟期不一致；11 月中下旬植株地上部分枯萎。

二、繁育方法

选择生长健壮、无病虫害的二年生植株留种，8 月下旬摘除留种株侧枝上的花序，使营养集中供给上中部果实，选择大而饱满、颜色油黑、发亮者作种。采收果实，堆放室内，后熟 4～5 日，晒干脱粒，簸去杂质，放阴凉干燥处备用。隔年陈种子发芽率低。

三、栽种方法

1. 选地整地 桔梗在长江流域、华北、东北等地均可栽培。适宜种植于海拔1200m以下的丘陵地带，华南亚热带气候地区宜选择海拔800m以上的山区。

育苗地选择向阳避风的地方，施足基肥，精耕细耙，做成宽130cm、高30cm的苗床，长度依地段而定，畦土要松软细碎。

栽植地选择向阳背风的缓坡或平地，以土层深厚、富含腐殖质、疏松肥沃、地下水位低、排灌方便的沙质壤土作种植地为好。前茬作物以豆科、禾本科作物为宜。黏性土壤、低洼盐碱地不宜种植。

种植前的头年冬天，深耕30～40cm，使土壤熟化，每亩施农家肥、草木灰等混合肥2000～2500kg或复合肥25～30kg作基肥；混匀、整平耙细、起垄做畦，畦高20～30cm，畦宽130～140cm，畦间距40cm，畦长根据地势而定。

2. 播种育苗 桔梗的栽种方法有直播和育苗移栽。直播产量高于育苗移栽，且质量好，一般多采用。

（1）直播：可采用春播、夏播，春播在4月中旬至5月下旬，5cm地温稳定在10℃以上时播种。生产上多采用条播，按行距20～25cm开深2～3cm的浅沟，将种子均匀撒于沟内；也可按1∶10比例将种子与细沙均匀混合后撒入沟内，覆土1～1.5cm压平，如干旱则5～7天浇一次透水，保持床面湿润，利于早出苗、苗全、苗齐。春播约20天出苗。每亩用种量1.5～2.0kg。

（2）育苗移栽：在苗床按行距15cm开2～3cm的浅沟条播。播深同上。每年4月播种。种子加草木灰拌匀，均匀撒入沟内，覆盖肥土0.6～1cm，最后盖草保温保湿。春播后15～20天出苗，出苗后揭除盖草，苗高1.5cm时间苗，拔除过密苗和细弱苗。苗高3cm时，按株距3～4cm定苗，以后加强管理，拔除杂草，保湿并适当施肥，苗高30cm时每亩追施复合肥20～30kg。培育1年后，第二年春季可移栽定植。

春栽一般在每年4月中旬至5月上旬栽种。栽前将种根挖起，按大、中、小分成三级，分开栽种。栽时在畦上按行距 16 ～ 20cm 开沟，深 20cm，株距 6cm，将主根垂直栽入沟内，切勿伤其须根，否则易生侧根，影响质量。栽后覆细土高于根头，稍压即可，浇足定根水。

四、田间管理

1. 间苗定苗补苗 出苗期间注意松土除草，苗高 3 ～ 5cm 时进行第一次间苗，苗高 7 ～ 8cm 时进行定苗，以苗距 8 ～ 10cm 留壮苗 1 株。缺苗的地方间苗时结合补苗。

2. 除草 生长期间应勤除杂草，播种当年结合间苗进行。第二年应进行 2 ～ 3 次，除草过程不要损伤根部。

3. 打薹 一年生和二年生的非留种植株要进行打薹，二年生桔梗应只留一节粗壮地上茎，其余地上茎要除掉。

4. 追肥 生长期间宜追肥 2 ～ 3 次，结合中耕进行。苗高 30 ～ 40cm 时每亩追施一次复合肥 20 ～ 30kg，开花前每亩追施磷钾肥 15kg，促进生殖生长。第二年春季 4 月结合除草每亩追施复合肥 20 ～ 30kg，6 月末至 7 月初每亩追施高钾型复合肥 20kg 左右，使用撒肥机进行追肥，施肥后浇足水。

5. 除花 除留种田外，摘除花蕾，减少养分的消耗，使营养集中供应地下根，多采用收割机割花。

【病虫防治】

一、病害

1. 根腐病 发病期为 6 ～ 8 月。在初期，根局部呈黄褐色而腐烂，以后逐渐扩大，发病严重时，地上部分枯萎而死亡。

防治方法：发病初期可用石灰、草木灰撒于地面或用波尔多液浇灌以防蔓延，30% 恶霉灵 1000 倍液和 25% 苯甲嘧菌脂乳油 1500 倍液进行浇灌治疗，7 ～ 10 天一次。

2. 轮纹病 主要危害叶片，受害叶片病斑呈近圆形，直径 6 ～ 10mm，褐色，具同心轮纹，上生小黑点，严重时不断扩大成片，使叶片由下而上枯萎。

防治方法：发病初期喷 1 ∶ 1 ∶ 100 倍波尔多液或 50% 多菌灵 1000 倍

液，7 ～ 10 天喷一次，连续喷药 3 ～ 4 次。

二、虫害

1. 拟地甲 主要危害桔梗根部。

防治方法：发生期用 50% 辛硫磷 1000 倍液喷杀。

2. 蝼蛄、地老虎、蛴螬 主要危害桔梗的茎基及根部。

防治方法：用 50% 辛硫磷乳剂 1000 倍液拌成毒土或毒沙撒施防治。

金银花

【基原】

本品为忍冬科植物忍冬 *Lonicera japonica* Thunb. 的干燥花蕾或带初开的花。

【适宜生境】

生态适应性强，喜温耐寒、喜光、喜湿润、耐旱、耐涝、对土壤要求不严，山坡、沙滩、瘠薄的丘陵地都能生长。多栽于海拔 600 ～ 1200m 地形开阔、遮阴较少的地区。生长区环境的适宜条件：气温条件 12℃～ 25℃，年平均气温 10℃～ 14℃，全生育期≥ 0℃，无霜期 185 天；年日照时数 1800 ～ 1900h，日照时数在 7 ～ 8h/d；年降水量 750 ～ 800mm，空气相对湿度 65% ～ 75%；湿润、肥沃、深厚、pH 5.8 ～ 8.5 的沙壤土为宜。

【栽种技术】

一、生长习性

耐寒性强，在 -10℃、背风向阳、有一定湿度的情况下，叶子经冬不落；-20℃时能安全越冬，翌年正常开花。-5℃时植株就开始发芽生长，随温度升高生长速度加快，20℃～ 30℃为最适宜的生长温度；根系发达，十年生植株根平面分布直径可达 3 ～ 5m、深度 1.5 ～ 2m，主要根系分布在地表以下 0 ～ 15cm；在 4 月上旬至 8 月下旬生长最快。喜温耐寒，生态适应性较强，在 12℃～ 25℃的气温条件下都能生长，要求年平均气温 11℃～ 14℃，适宜生长温度 15℃～ 25℃；喜湿润，耐旱、耐涝，对土壤要求不严，在片麻岩、石灰岩、角砾岩地区，沙土、黏土上均能生长，尤以湿润、肥沃、深厚的沙壤土最适宜。

二、繁育方法

9 月中旬，种子成熟时选择健壮、饱满、色泽好的成熟浆果采摘，及时取出种子，以防霉烂。然后对种子进行消毒处理，再把种子倒入已消毒堆好的河沙上，拌匀，堆成沙床，用农膜覆盖、压紧，防止风吹雨打，种子在膜内暴嘴后及时播入苗圃。播种前1个月苗床进行翻耕、打床，将已暴嘴的种子均匀撒入床面，用河沙或沙土、锯末面等覆盖物盖严。然后用竹竿起拱搭篷，用农膜盖第一层，遮阳网盖第二层，种子在篷内30天左右发芽出土。苗子长到10cm时进行匀苗、间苗、定苗及排苗。排苗一般在次年3～4月份，移栽时必须带土移栽，移栽后覆盖双层遮阳网，施足定根水，保持床内温湿度，7～10天苗子成活后，拆去遮阳网。

扦插时间：春、夏、秋季均可。春季宜在发芽前，秋季于9月份至10月中旬。空气及土壤湿度较大，扦插后成活率较高。插条的选择及处理：选1～2年生健壮、充实的枝条，截成长30cm的插条，每根至少有3个节位，将下端削成平滑斜面，上部留2～4片叶，用500×10^{-6}吲哚丁酸浸蘸下端斜面7～10s，稍晾干后立即扦插。插条入土深度为插条的1/2～1/3，再填细土，用脚踩紧，浇一次透水，保持土壤湿润，1个月左右即可生根发芽。

三、栽种方法

选择阳光充足，土层30cm以上，水源较好，中壤至重壤质地的地块。土壤进行翻耕、四沟配套，按同一方向开厢，宽1.8m、高0.3m，沟宽0.6m，平整厢面。按窝距1m、窝深0.5m、窝宽0.5m进行挖窝，每窝施腐熟农家肥2.5kg，或商品有机肥0.25kg，并覆土待栽。选择高50cm、分枝2个以上、茎基直径3mm以上的合格苗，每窝栽4～5颗苗，移栽前用浓度500mg/L的生粉蘸根，边蘸边栽，可提高其成活率。苗木运输和存放过程中要求严禁“烧苗”现象，保持叶片的鲜活。

四、田间管理

栽后应选用0.14mm厚的地膜覆盖，根据床长确定地膜长短，每窝上地膜开口直径约0.5m，把种苗套入膜口并将地膜口及四周用力拉紧盖严。栽后应遮阳防晒5～7天，并根据天气情况补浇定根水1～2次，使根系土壤湿润，确保移栽成活。移栽成活后第二年春季除草，追施农家肥，每年3～4次。加强肥水管理并进行修剪整形，待主枝长30cm时进行摘心并立杆辅助主枝的形成，促进一级侧枝生长，待一级侧枝长30cm后进行摘心以促进二级侧枝，逐年修剪形成拱圆形花墩。

【病虫防治】

一、病害

1. 褐斑病 叶部常见病害，造成植株长势衰弱。多在生长后期发病，8～9月份为发病盛期，在多雨潮湿的条件下发病重。发病初期在叶片上形成褐色小点，后扩大成褐色圆病形斑或不规则形病斑，病斑背面生有灰黑色霉状物，发病重时，能使叶片脱落。

防治方法：发病初期及时摘除病叶，结合修剪整枝，将病枝、落叶集中烧毁；加强田间管理，及时排除田间积水，清除植株周围杂草，通风透光；增施有机肥，提高植株的抗病能力；发病前喷施1∶1∶100倍的波尔多液预防；发病初期喷施70%代森锰锌800倍液，每隔7～10天喷一次，共喷2～3次。

2. 白粉病 危害金银花叶片和嫩茎。叶片发病初期，出现圆形白色绒状霉斑，后不断扩大，连接成片，形成大小不一的白色粉斑，最后引起落花、凋叶，使枝条干枯。

防治方法：合理修剪，避免枝梢拥挤，使树冠内膛通风透光；春季萌芽前，在树冠喷施波美3～5度石硫合剂；萌芽后喷施波美0.3～0.5度石硫合剂或200倍的农抗120。

3. 根腐病 主要危害幼苗，成株期也能发病。发病初期，仅仅是个别支根和须根感病，并逐渐向主根扩展，主根感病后，早期植株不表现症状，后随着根部腐烂程度的加剧，吸收水分和养分的功能逐渐减弱，地上部分因养分供不应求，在中午前后光照强、蒸发量大时，植株上部叶片才出现萎蔫，但夜间又能恢复。病情严重时，萎蔫状况夜间也不能再恢复。此时，根皮变褐，并与髓部分离，最后全株死亡。

防治方法：一般随着种植年限的增加，发病量有加重的趋势。注意改良土壤，及时排水，改变不良施肥习惯，及时防治地下害虫；在发病初期用2%农抗120水剂100mg/kg，或50%托布津1000倍液，每15天喷药1次，连续喷3～4次；或用恶霉灵和福美双灌根。

二、虫害

1. 蚜虫 主要危害叶片、嫩枝，引起叶片和花蕾卷曲，生长停止，产量锐减。4～6月虫情较重，立夏前后，特别是阴雨天，蔓延更快。

防治方法：用10%吡虫啉3500～5000倍液或50%抗蚜威1500倍液喷雾。

2. 红蜘蛛 红蜘蛛多群集于金银花叶片背面为害。以口器刺入叶片内吮吸汁液，使叶绿素受到破坏，叶片出现灰黄色斑点、卷缩，严重时叶片枯黄、脱落。

防治方法：发芽前喷施3～5度的石硫合剂，消灭越冬成螨；4月底至5月初喷施0.3～0.5度的石硫合剂防治第一代若螨；5月底至6月初喷施1.8%阿维菌素乳油3000～4000倍液；6月下旬至7月份叶面喷施1.8%阿维菌素乳油3500～5000倍液。

3. 棉铃虫 主要取食金银花花蕾，每头棉铃虫幼虫一生可食10个到上百个花蕾，不仅影响品质，而且容易脱落，严重影响产量。该虫每年4代，以蛹在5～15cm土壤内越冬。

防治方法：可使用黑光灯诱杀成虫;6月中下旬喷施BT 400～500倍液；7月份后每隔15天左右喷药1次，喷施BT可湿性粉剂1000倍液或2.5%烟碱苦参碱水剂1000倍液。

注意：金银花采收前10天停止用药。

菊　花

【基原】

本品为菊科植物菊 *Chrysanthemum morifolium* Ramat. 的干燥头状花序。

【适宜生境】

菊花喜阳光充足、温暖、湿润的环境，具有耐寒、耐旱、怕涝特性，能忍受霜冻。属于短日照植物，在日照 12h 以下及夜间温度 10℃左右时，花芽才能分化。对土壤要求不严，旱地和水田均可种植，在排水良好、肥沃疏松的沙质壤土上生长旺盛。碱地、低洼地不宜种植。

【栽种技术】

一、生长习性

开春后，在根际的茎节伸长，基部密生很多须根。苗期生长缓慢，但长到 10cm 高以后生长加快，高达 50cm 后开始分枝，到 9 月中旬则不再增高和分枝，9 月下旬现蕾，10 月中下旬开花，11 月中旬进入盛花期，花期 30 ～ 40 天。入冬后，地上茎叶枯死，在土中的根抽生地下茎，以宿根越冬。次年春又萌发新芽，长成新株。一般母株能成活 3 ～ 4 年。

二、繁育方法

菊花的繁殖分无性繁殖（扦插、分株、嫁接、压条及组织培养）和有性生殖（种子繁殖）两种。药用菊花的栽培一般采用分株、扦插两种方法，其他方法使用较少。其中扦插繁殖长势好、抗病性强、产量高，目前生产上常用。

三、栽种方法

1. 选地整地

（1）种植地：宜选地势较高、阳光充足、土质疏松、土层深厚、排水良好的沙质壤土。秋季前茬作物收获后，每亩施腐熟农家肥 2000 ～ 2500kg，深翻耕地，来年春天浅耕，整平耙细开床，床宽 1.2 ～ 1.5m，床高 20m，床沟宽 40m，地四周开好排水沟。

（2）育苗地：宜选地势平坦、靠近水源、土质疏松肥沃的沙质壤土。每亩施腐熟农家肥 2000kg，深翻 20 ～ 24cm，浅耙整细整平，作苗床，床宽 1.2m 左右，床高 20cm，四周开好排水沟。

2. 种植

（1）扦插育苗：每年 4 ～ 5 月或 6 ～ 8 月，选植株粗壮、无病虫害的新枝作插条。取中段，剪成 10cm 左右的插条，摘除下部叶片，上端平截、下端剪口削成斜面，切口快速蘸一下 1000 ～ 1500ppm 吲哚乙酸溶液，按株行距（6 ～ 7）cm×（20 ～ 24）cm 用竹筷在厢面上先打小孔，插入枝条，随剪随插，入土深度为插条的 1/2 ～ 2/3，压实浇水，盖松土与床面齐平。注意除草松土，20 天左右生根长芽，苗高 20cm 左右便可移栽大田。扦插时苗床不宜过湿或过干，否则易死苗，插条生根的最适宜温度为 16℃～ 18℃。

（2）分株育苗：秋季菊花收获后，选择健壮、发育良好、开花多、无病虫害的植株，将茎秆齐地面割除，挖起根蔸，重新栽植在一块肥地上，适当增肥保温，或就地在老根蔸上覆盖腐熟农家肥和泥土，保暖过冬。翌年 3 ～ 4 月，扒开土粪，浇 1 次稀薄腐熟粪水，促进萌枝迅速生长。4 ～ 5 月发出新芽，当苗高 12 ～ 15cm 时，选晴天挖出根蔸，抖落泥土，顺芽带根将种菊分成单株，选取茎粗壮、根较多的新苗作种苗，将过长的根切掉，保留 6 ～ 7cm，移栽定植大田，移栽时注意压实浇水。

（3）移栽定植：分株苗在 4 ～ 5 月，扦插苗在 5 ～ 6 月移栽定植。选阴天、雨天或晴天傍晚进行。按株行距 30cm×40cm 开穴，穴深 8cm 左右，分株苗每穴栽 1 ～ 2 株。扦插苗每穴栽 1 株，苗摆正，覆土压实，浇足定根水。取苗时，选择壮苗，去除病苗、弱苗。

四、田间管理

1. 除草　菊花在整个生长期中，要进行除草 3 ～ 4 次。5 月上旬，移栽后株苗成活长芽进行第一次进行除草松土，在封行前后进行最后一次除草，如果土壤板结要浅除松土。两次中耕宜浅不宜深，除草的同时要结合进行培土，防止植株倒伏。

2. 施肥　菊花是喜肥植物，根系发达，吸肥能力强。除施足基肥外，还要根据不同生长期进行3次追肥：第一次是栽培成活后开始生长时，每亩施肥粪水1000kg，或尿素10kg兑水浇施；第二次在植株整枝打顶后，每亩施腐熟粪水1600～2000kg，或饼肥50kg兑水浇施，以促进多分枝；第三次在孕蕾时，每亩施腐熟粪水2000kg，加硫酸钾5kg，或加尿素10kg，也可以加过磷酸钙25kg，以促进花蕾分化。另外，在花蕾期可用磷钾肥做根外追肥，促进开花整齐，提高产量。

3. 灌溉排水 菊花喜湿润，耐旱怕涝，但扦插及移栽时要经常适量浇水，保证幼苗成活。成活后保持土壤湿润可促进菊花生长，特别是9月下旬孕蕾期前后不能缺水，干旱时及时浇水，保证花的质量。雨季及时排除田间积水，以防发病烂根。

4. 打顶 为了促进菊花植株多分株、多开花和主干生长粗壮，在苗高16～30cm时，进行第一次打顶。选择晴天将顶芽1～2cm摘去，具体时间视苗株生长情况而定，共进行3次。打顶次数不能进行太多，否则分枝过多，造成营养不良，花朵细小，影响产量和质量。第一次打顶后，结合除草，在根际培土15～18cm，增强根系，以防倒伏。

5. 搭架 菊花植株茎秆高且分枝多，常容易倒伏，并影响植株内通风透光，可在植株旁搭起支架，把植株系于支架上，菊花挺立不随风倒，且通风透光，使花开得多而大，可提高产量和质量。

【病虫防治】

一、病害

1. 褐斑病 又称叶枯病、斑枯病。主要危害叶片，发病初期产生圆形淡黄色小点，以后扩展呈褐色圆形病斑，或受叶脉限制形成不规则的褐色枯斑，病斑周围常有褪绿晕圈。发病后期，病斑上产生黑色小点（病原菌的分生孢子器）。发病严重时，可见病斑直径在10mm以上，有的在叶缘上形成“V”形枯斑，外围有褪绿晕圈；或沿叶缘发病，叶缘先枯死。病斑多时，常连接成片，导致叶片枯死，枯死叶片不脱落，悬挂于茎上。

防治方法：实行3年以上轮作；菊花收获后，割下植株残体，集中烧毁；增施有机肥，配合磷、钾肥，使植株生长旺盛，增强抗病力；结合菊花剪苗、摘顶心，及时摘除病叶，带出田外处理，减少早期侵染病源；用

50%多菌灵可湿性粉剂800倍液或70%甲基托布津1000倍液喷施。施药时间：黄河以北地区为7月中旬喷第1次药,10天左右喷1次，共喷3～4次，采花前25天禁止喷药。

2. 枯萎病 危害全株并烂根。感病植株最初表现为生长缓慢，下部叶片失绿发黄，并失去光泽，稍显不平，病害逐渐向植株上部扩展，最后全株叶片萎蔫下垂，变褐枯死。有时植株一侧感病，叶片萎蔫症状则仅出现于这一侧，而另一侧叶片仍然正常；病株茎基部微肿变褐，表皮粗糙，间有裂缝，潮湿时缝中可见白色霉状物，若将病茎横切或纵切，均可见维管束呈褐色至黑褐色；根部被侵染后变黑、腐烂。

防治方法：选择无病田里的植株留种；选择排水良好、不近水稻田的地块；不重茬，不与易发生枯萎病的作物轮作，并做高畦；开深沟，降低田间湿度；发现重病株应立即拔除，并在病穴撒石灰粉或用50%多菌灵1000倍液浇灌；发病时可用50%多菌灵可湿性粉剂200～400倍液喷洒植株。

3. 霜霉病 又称白毛病。春秋两季容易发病，春季危害菊苗，秋季危害叶片、花枝和花蕾，在田间主要危害贡菊品种。春季发病，使叶片产生不规则的褪绿斑，叶缘微向上卷，叶背和幼茎布满白色霉层，病叶自下而上逐渐变褐干枯，重病苗枯死。秋季发病，叶片、花梗、花蕾布满白色霉层，叶片呈现灰绿色，最后逐片枯死。

防治方法：合理密植，注意通风透气；科学施肥，增施磷、钾肥，提高植株抗病力；适时浇水，严禁大水漫灌，雨后及时排水，防止湿气滞留；春季发现病株及时拔除，集中深埋或烧毁，收获后彻底清洁田园，减少来年菌原；发病初期用72%克露可湿性粉剂600倍液，或65%代森锌可湿性粉剂500倍液喷雾。

4. 病毒病 又称花叶病，全国各地药用菊花产区均有发生。主要危害叶片，且危害较重。菊花的病毒种类多，加之复合侵染，因此症状很复杂，常见症状有以下几种类型：①病株心叶黄化，有的叶脉保持绿色，叶片自下而上逐渐枯死；②幼苗叶片畸形，心叶有灰绿色且不规则微隆起的线状条纹，生长中后期症状不明显；③叶片上产生黄色不规则斑块；④叶片暗绿色，叶变小而增厚，叶缘和叶背呈现紫红色。病毒病严重的植株，也易感染褐斑病和霜霉病，导致叶片自下而上枯死，造成减产。病害在田间的传播主要靠蚜虫，传毒的蚜虫有桃蚜、棉蚜、菊蚜、萝卜蚜等。

防治方法：选用脱毒菊苗栽种；菊花收获前，在田间选择生长健壮、开花多而大的植株留种；生长季节及时防治蚜虫，避免带毒传病，或因地制宜推广套种，利用其他作物的屏障，减轻蚜虫为害；在栽苗时，用锌、铜、钼、硼等微量元素配合复合肥蘸根，现蕾前叶片喷施钾、硼等肥料，可增加植株抗病力；用 25 ～ 50ppm 农药链霉素喷洒病株。

5. 锈病 致病菌有菊柄锈菌、堀柄锈菌及蒿层锈菌 3 种真菌。露地栽培的花在秋末多雨的天发病严重。主要危害叶片，偶尔侵染茎。初期，染病叶片上表面出现淡黄色斑点，相应叶背处也产生小的变色斑，随后产生隆起的泡状物，不久泡状物破裂，散出大量褐色粉状物。感病严重的植株生长极为衰弱，不能正常开花，且大量落花，叶片布满病斑，并向上卷曲。

防治方法：及时清除病叶、病株残体，集中销毁，以减少侵染来源；切忌连作；发病期间，早期喷洒 15% 粉锈宁可湿性粉剂 1000 倍液或 25% 粉锈宁可湿性粉剂 1500 倍液。

6. 叶枯线虫病 菊花叶枯线虫病是一种世界性病害，分布广，危害严重，在浙江、上海、江苏、安徽、广东、湖南、云南等地区均有发生。主要危害菊花的叶片，也能侵染幼芽和花。被侵染的叶片，最初出现浅黄褐色斑点，随后病斑扩展，因受大叶脉的限制而呈现特有的三角形或其他形状的坏死斑，最后叶片卷缩、凋萎、下垂，叶片很快变成褐色，以致枯死，质地变脆，并大量落叶。幼芽受害后，引起芽枯和死苗。花芽受侵染不能成蕾而干枯，或花发育不正常而呈畸形。

防治方法：应从健壮无病的植株上采条作繁殖材料；及时清除病叶、病花及病芽，集中烧毁。

二、虫害

1. 菊天牛 又名菊虎，我国主要分布于北京、河南、安徽、江西、浙江、四川等地区。5 ～ 7 月发生，以幼虫蛀食茎枝，使被害枝不能开花，甚至整株死亡。

防治方法：避免长期连作或与菊科植物间作套种；平时要注意剪除有

虫枝条，发现茎枝萎蔫时，于折断处下方约4cm处摘除，集中销毁；每年6月中旬，可选用20%氯虫苯甲酰胺3000倍液等药剂进行喷雾防治，每隔10天喷1次，连喷2次。

2. 菊花蚜虫 主要有两种：一种是棉蚜，另一种是菊蚜（菊小长管蚜）。棉蚜分布于全国各地；菊蚜主要分布于辽宁、河北、河南、山东、安徽、江苏、浙江、福建、广东、四川等省。菊花蚜虫喜密集于菊花嫩叶、嫩枝、花蕾和小花上为害，刺吸汁液，使叶片失绿发黄，卷曲皱缩。

防治方法：人工释放瓢虫、草蛉治蚜；用10%的吡虫啉1500倍液喷雾。

3. 斜纹夜蛾 又名夜盗蛾、夜盗虫等。以6～9月危害严重。初孵幼虫群集在卵块附近取食叶肉，留下叶脉和上表皮。大龄幼虫进入暴食期，常将叶片蚕食光并危害花与花蕾。

防治方法；幼虫危害期，喷施50%锌硫磷乳剂1500倍液；用荧光灯或用糖醋液（糖：醋：水=3：1：6）加少量美曲膦酯，诱杀成虫。

4. 银纹夜蛾 又称菜步曲，分布于全国各地。幼虫7～11月为害菊花，叶子被咬食成孔洞或缺刻。

防治方法：同斜纹夜蛾。

苦　参

【基原】

本品为豆科植物苦参 *Sophora flavescens* Ait. 的干燥根。

【适宜生境】

苦参适应性强，分布广，我国从北到南均有分布。喜温和高燥热气候，耐寒，可耐受 -30℃以下的低温，亦耐高温。生于山坡草地、平原、丘陵、路旁、向阳沙壤地。苦参属深根系植物，以土壤疏松、土层深厚、排水良好的沙质壤土为宜。喜肥但耐盐碱。怕涝害，忌在土质黏重、低洼积水地种植。生于 200 ～ 2500m 的向阳山坡或荒地，也生于灌丛、河滩变的沙质土或红壤土中。

【栽种技术】

一、生长习性

苦参是深根系作物。一般选择地下水位低、肥沃、土层深厚的坡地或丘陵地。对土壤要求不严，可在一般的沙壤土或有机质含量高的壤土、排水良好的地块种植。

二、繁育方法

苦参的繁殖方法主要是种子繁殖和分根繁殖。在种子繁育地中选择健壮的植株采种，从第二年开始采收。10 月中下旬种荚外皮变黑褐色时分批采收。种荚采收后，在场地上晾晒 2 ～ 3 天后脱粒，除去杂质、瘪粒和受损种子。将种子装入布袋放置在通风、干燥的室内贮藏。

三、栽种方法

1. 选地整地　宜选择在土层深厚、疏松肥沃、地下水位低、排灌方便的沙质土壤中栽培。前茬以禾本科作物为宜。每亩施入充分腐熟的农家肥 2500 ～ 3000kg，捣细撒匀，深翻 40cm 以上，以秋翻、秋起垄或作畦为宜。垄距 60cm，做 130cm 高畦，畦沟 40cm。

2. 播种

（1）种子直播

①种子处理：用 40℃～ 50℃温水浸种 10 ～ 12h，取出后稍沥干即可播种，也可用湿沙层积（种子与湿沙按 1∶3 混合）20 ～ 30 天再播种，播种期一般在 4 月中旬至 5 月上旬。

②播种方法：在整好的高畦上，按行株距（40 ～ 50）cm×（20 ～ 30）cm，开深 10cm 的穴，每穴播种 4 ～ 5 粒处理好的种子，用细土拌草木灰覆盖 3cm，保持土壤湿润，15 ～ 20 天出苗。苗高 5 ～ 10cm 时间苗，每穴留壮苗 2 ～ 3 株。

（2）育苗移栽：按行距 20 ～ 30cm 开沟，沟深 2 ～ 3cm，将种子撒入沟内，覆土浇水，培育 1 年后，于第二年春季萌芽前移栽。行株距为（40 ～ 50）cm×（20 ～ 30）cm。

四、田间管理

1. 除草　当苗高 5cm 时进行除草，在封行前进行 3 次，每半个月 1 次，第一次要浅松土，逐渐加深，第三次要深并培土防止倒伏。保持田间无杂草和土壤疏松湿润，以利苦参生长。

2. 间苗补苗　结合除草进行间苗，第一次除草时去弱苗，留壮苗。第二次除草时定苗，每穴留 2 ～ 3 株。如有缺苗，用间下的苗选壮者补苗。

3. 追肥　在施足基肥的基础上，每年追肥 2 次：第一次在 5 月中下旬进行，每亩施氮素化肥 15kg；第二次在 8 月上中旬进行，以磷、钾肥为主，每亩施高钾复合肥 20 ～ 30kg。贫瘠的地块要适当增加施肥次数。

4. 灌溉排水　天旱、施肥后要及时灌溉，5 ～ 7 天浇一次透水，保持土壤湿润。雨季要注意防涝，防止田间积水烂根。

5. 摘花薹　当 6 月抽薹时，除留种的植株外，要及时摘除花薹，以免消耗养分不利于增产。

【病虫防治】

一、病害

根腐病　常在高温多雨季节发生，病株先根部腐烂，继而全株死亡。

防治方法：及时拔除病株，病穴用石灰水消毒；发病初期用枯草芽孢杆菌（每克10亿活芽孢）500倍液灌根；播种前每亩用50%多菌灵可湿性粉剂1kg处理土壤；发病初期用30%恶霉灵和25%咪鲜胺按1∶1复配1000倍液，或50%多菌灵500倍液，或75%代森锰锌络合物800倍液，或3%广枯灵（恶霉灵+甲霜灵）600～800倍液等喷淋或灌根。一般7～10天淋灌1次，视病情一般喷灌3次左右。

二、虫害

1. 钻心虫 钻心虫属鳞翅目螟蛾科，从地上茎的近地面3～17cm处钻蛀，先向上蛀食约1.8cm后，顺苦参髓部向下为害，秋末冬初幼虫在茎秆中钻蛀地面下4～6cm深处，以老熟幼虫在地中茎或芦头内越冬，在7月上中旬羽化产卵钻蛀。

防治方法：幼虫孵化期用植物源杀虫剂喷雾防治，可用0.3%苦参碱乳剂800～1000倍液，或1.5%天然除虫菊素1000倍液，或0.3%印楝素500倍液，或2.5%多杀霉素悬浮剂1000～1500倍液；在7月上旬产卵孵化和钻蛀前用药，可用菊酯类（4.5%氯氰菊酯1000倍液、2.5%联苯菊酯乳油2000倍液等），或20%氯虫苯甲酰胺3000倍液，或0.5%甲氨基阿维菌素苯甲酸盐1000倍液，或50%辛硫磷乳油1000倍液等喷雾防治。

2. 食心虫 食心虫主要蛀食苦参种子，属鳞翅目蛀果蛾科，在表土中越冬。在7月上中旬羽化产卵钻蛀。

防治方法：同钻心虫。

苦杏仁

【基原】

本品为蔷薇科植物山杏 *Prunus armeniaca* L.var.*ansu*.Maxim.、西伯利亚杏 *Prunus sibirica* L.、东北杏 *Prunus mandshurica*（Maxim.）Koehne 或杏 *Prunus armeniaca* L. 的干燥成熟种子。

【适宜生境】

主要生长在海拔 400 ～ 2000m 的干燥、向阳山坡上。适宜丘陵草原的灌木丛或杂木林中，对土壤要求不严，但以排水良好且土层深厚的沙壤土为好。

【栽种技术】

一、生长习性

喜凉爽干燥气候，抗盐碱，耐旱，耐瘠薄，抗寒。夏季在 44℃高温下生长正常，在 -40℃的低温下也可以安全越冬。可栽种于平地或坡地，对土壤要求不高，但在壤土深厚、疏松肥沃、排水良好的土壤中生长最好。

二、繁育方法

繁育方法有种子繁殖和嫁接繁殖。采摘成熟果实，搓去果肉，大粒每 50kg 出种子 5 ～ 10kg，小粒每 50kg 出 8 ～ 15kg，种子纯度为 98%，发芽率为 85%，以湿沙混合进行沙藏。

三、栽种方法

1. 种子繁殖　春播于 4 月下旬，秋播于 10 月上旬。常按株距 10 ～ 15cm 进行大垅播种，每垅播种 1 行，点播，每穴 1 粒种子，播后覆 5 ～ 6cm 厚的土层（约为种子直径的 3 倍），镇压。培植苗 2 年移栽，秋季落叶后早春萌发前，按行株距 3m×（2 ～ 3）m 开穴，穴底要平，施基肥 1 层，每穴栽种 1 株，填土踏实，浇足定根水。

2. 嫁接繁殖　砧木用杏播种的实生苗或山杏苗，枝接于 3 月下旬、芽接于7月上旬至8月下旬进行。

四、田间管理

1. 间苗 幼苗出现3～4片叶时进行疏苗，2～3周后进行2次间苗。

2. 灌溉排水 及时灌水，防止风吹伤根，遇天气干旱酌情灌水，7～8月雨季时注意排涝。

3. 施肥 在幼芽萌发前与幼果生长期间各追施速效肥1次，每年每株成年树可施肥0.25kg，然后灌水。每年冬季在植株附近开沟环施追肥，用农家肥、过磷酸钙、腐熟饼肥等。

4. 修剪 苗高达45cm，可在芽接前摘去嫩尖。冬季11月至翌年3月进行修剪，剪枝时注意新树和老树修剪的重点不一样，丰产树改善枝组的光照条件，疏去重叠枝、交叉枝、内膛枝。老树增加壮枝恢复树势。

【病虫防治】

一、病害

杏疔叶斑 被害新鞘生长停滞，节间缩短，叶片呈簇生状。病叶最初一部分呈黄色，以后渐渐增厚，从叶柄开始，沿叶脉进展，最后全叶变黄增厚至如皮革，比普通叶片厚4～5倍。病叶两面散生许多小红点，遇雨或潮湿，从其中涌出橘红色黏液。病叶叶柄基部肿胀，两个托叶上有小红点，后期病叶渐渐干枯，变为褐色，质地硬化，畸形并卷折，最后变黑，背部散生小黑点，病叶挂在树上越冬，不易脱落。

防治方法：春季发芽前喷波美5度石硫合剂，展叶时喷波美0.3度石硫合剂。

二、虫害

杏象鼻虫 成虫为害叶片，被害叶片的边缘呈缺刻状。幼果受害后果面出现不正常的凹入缺刻，严重的引起落果。

防治方法：用菊酯类（4.5%氯氰菊酯1000倍液、2.5%联苯菊酯乳油2000倍液等）喷雾。

另有袋蛾、天牛等为害。利用农闲季节进行树干涂白，刮树皮是降低虫口密度的有效方法。

款冬花

【基原】

本品为菊科植物款冬 *Tussilago farfara* L. 的干燥花蕾。

【适宜生境】

款冬耐寒，较耐荫蔽，怕高温闷热，怕旱也怕涝。适宜冷凉潮湿的环境，生长的温度为16℃～24℃，超过36℃会枯萎而死。喜疏松肥沃、排水良好、较湿润的沙质土壤。多野生于河边、沙地、山谷及比较湿润的山区。

【栽种技术】

一、生长习性

款冬幼苗在10℃～12℃时即可出土，16℃～24℃时苗叶生长迅速，35℃以下可以生长，36℃以上则植株枯萎而死亡。

款冬从出苗直至开花结子，要经历幼苗期、盛叶期、花芽分化期、孕蕾期，以及开花结果期5个时期。幼苗期指3～5月幼苗长至5片叶时，生长缓慢；盛叶期指6～8月，从6片叶开始至叶丛出齐，此阶段根系生长较快，地上茎叶生长迅速；花芽分化期是指9～10月，地上部分逐渐停止生长；孕蕾期是10月至翌年2月，花芽逐渐形成花蕾；开花结果期则是翌年2～4月，花梗从茎中央抽出，花逐渐开放，花谢结子。

二、繁育方法

款冬可用根茎繁殖，亦可以用种子进行繁殖，但种子繁殖的年限较长，且种子不宜贮藏，生产上基本不用种子进行繁殖，多采用根茎繁殖。一般在11月上旬采收花蕾后，采挖地下根茎，选取色白、无病虫害的粗壮根茎留种。可在初冬或翌年早春栽种，初冬栽种者可随挖随栽，翌年早春栽种者应把留种的根茎用湿沙层窖藏起来，早春时取出栽种。具体方法是：先在底层铺一层湿润清洁的河沙，其上铺一层种根，如此相间堆放数层；堆高30cm左右，上面覆盖稻草和草帘，层积贮藏期间要经常检查，发现堆内发热或过早发芽，要及时翻堆处理。

三、栽种方法

1. 选地整地 宜选择在比较阴凉的地方，如半阴半阳的山坡、山谷、小溪边种植。款冬对土壤要求不严，适应性强，大多土壤均可种植，以土质疏松、排水良好、富含腐殖质的沙质壤土为宜，上虚下实者更佳；而土质黏重、低洼易积水或水位较高的地块，成活率低，产量低，不宜于种植。土地整理时应视田地的肥力施肥，一般每亩施粪肥 2500kg；深翻 25 ～ 30cm，耙细整平，做成宽 1.3m 的高畦，畦沟宽 40 ～ 45cm，四周挖好排水沟。

2. 栽种 春栽于 3 月中下旬，冬栽于 10 月上中旬，北方多采用春栽方式，每亩用根茎 35kg 左右。将作种的根茎剪成每节有 2 ～ 3 个芽苞的 10cm 的短节，用条栽或穴栽的方法栽种。条栽者，按行距 25 ～ 27cm 开深 6 ～ 10cm 的沟，每隔 10cm 平放 1 节根茎，覆土后盖平；穴栽按行距 30 ～ 25cm 开深 7 ～ 10cm 的穴，每穴呈“品”字形放 3 节根茎，盖土填平。

四、田间管理

1. 除草 第一次除草是在 4 月中下旬苗齐后进行，除草时务必浅松表土，避免伤根，此时如果发现缺苗断空，应及时补苗种齐。第二次则于 6 月下旬，此时除草要稍深些。第三次在 8 月下旬，除草要深并结合培土，以免花蕾长出地面，变色影响质量。

2. 追肥 幼苗期一般不施肥，否则幼苗会贪青徒长，影响花芽的形成，同时易罹病；8 月份每亩追施粪肥 2000kg；10 月上旬每亩追施复合肥 10 ～ 15kg，于株旁开沟或挖穴施入，施后用畦沟土盖肥并培土。

3. 灌溉排水 苗期要注意保持土壤湿润。刚出苗后，因苗根系扎得浅，怕旱，干旱时要及时浇水保苗，连续浇 2 ～ 3 次水，雨季时应及时排除田间积水，防止烂根。

4. 摘底叶 6 ～ 7 月叶片生长旺盛，叶片过密时，可去除基部老叶、病叶，以利通风。9 月上中旬可以摘去老叶，只留 3 ～ 4 片心叶。目的是使养分集中供给花蕾，减弱营养生长，促进生殖生长。

5. 间作遮阴 款冬喜半阴半阳的环境，怕高温，怕强光直射，种植可采用间作高秆植物如玉米等，高秆植物可以为款冬遮阴，促进款冬的生长，单位面积的效益也可以得到增加。此外，连续种植 3 年款冬后的土地应种植其他作物，不适宜继续种植款冬。

【病虫防治】

一、病害

1. 褐斑病 褐斑病的病原是真菌中的一种半知菌，此病易发于高温高湿的季节。表现为叶表上出现近圆形病斑，中央褐色，边缘紫红色，上生小黑点，严重时病叶枯死。

防治方法：清洁田园；雨季时及时降低田间湿度，排除田间积水；及时烧毁病残株；发病前喷 1 ∶ 1 ∶ 120 波尔多液预防，发病初期喷 50% 多菌灵 1000 倍液。

2. 菌核病 菌核病的病原是真菌的一种子囊菌，此病易发于 6 ～ 8 月高温多雨时的根部。病株基部有白色菌丝向上蔓延，可见鼠粪状菌核，严重患病株的根系逐渐变黑腐烂，最终枯死。

防治方法：实行轮作，以禾本科作物作前茬植株能起到预防作用；发现病株及时拔掉烧毁，并用生石灰消毒病穴；雨季时及时排除田间积水；发病初期用 50% 甲基托布津灌根。

3. 枯叶病 枯叶病的病原是真菌中的一种半知菌，此病易发于雨季的叶片。表现为叶表有褐色不规则病斑，由叶缘向内延伸，一直可蔓延到叶柄，病叶质地变脆、发硬，致使局部或全叶干枯。

防治方法：发现时应及时剪除病叶，及时集中烧毁以减少病情蔓延；发病前喷 65% 可湿性代森锌 600 倍液或 1 ∶ 1 ∶ 120 波尔多液预防，发病初期喷 50% 多菌灵 1000 倍液。

连 翘

【基原】

本品为木犀科植物连翘 *Forsythia suspensa*（Thunb.）Vahl. 的干燥果实。

【适宜生境】

连翘喜温暖湿润、光照充足的环境。适应性很强，对土壤、气候的要求都不严，在腐殖土及沙砾土中都可以生长。在阳光不足处，茎叶仍然可以生长旺盛，只是结果较少。野生连翘多生于阳光充足半阳半阴的山坡。

【栽种技术】

一、繁育方法

1. 种子繁殖

（1）苗圃选择：宜选择背风向阳、土层在 30cm 以上、疏松肥沃、近水源的沙质壤土地；每亩施充分腐熟的厩肥 2200 ～ 3000kg 做基肥。

（2）苗床准备：深翻 30cm 左右，整平耙细做成宽 1.2 ～ 1.3cm、高 15cm 的畦；若为丘陵地，可延等高线做梯田栽植；山地采用梯田、鱼鳞坑等方式进行土地整理。

（3）播种期：多在惊蛰前后进行播种。

（4）播种方法：分春播和秋播两种，主要采用条播。用水浸泡种子 1 ～ 2 天，然后稍晾干，备用。在整好的苗床上按行距 20 ～ 24cm 开深 3.5 ～ 5cm 的浅沟，均匀撒入种子，薄覆细土，略加镇压，盖草。播后要保持土壤湿润，适当浇水。一般春播 15 ～ 20 天出苗，齐苗后揭去盖草；秋播者第二年春季地温回升至 7℃～ 10℃时开始逐渐出苗。一般出苗率可达 40% ～ 50%。

2. 分株培育

连翘萌发力较强。在秋季落叶后或春季萌芽前，选择生长健壮、无病虫害的优良植株，挖取植株周围的根蘖苗，进行定植；按行距 2m×1.5m 挖穴

（220株/亩），穴径和深度各70cm，先将表土填入坑内达半穴时，再施入适量厩肥（每穴约5kg），与底土混拌均匀；然后每穴栽苗1株，分别填土踩实，使根系舒展。栽后浇水，水渗入后，盖土高出地面10cm左右，以利保墒。

3. 压条繁殖

春季选择生长健壮、枝条节间短而粗壮、花果着生密而饱满、无病虫害的优良植株，将下垂的枝条弯曲并刻伤后埋入土中，地上部分可用木杈固定，覆细肥土，踏实，使其在刻伤处生根；当年冬季至翌年春季，将幼苗截离母株，连根挖取，移栽定植。

二、栽种方法

1. 土地整理 多在冬季冰冻前进行土地整理，使土壤充分熟化。先将表土填入坑内达半穴时，再施适量厩肥（每穴约5kg），与底土混拌均匀。

2. 定植 春秋两季均可定植，以春季为好。春分后气温回升，定植容易成活；秋季则以立秋至秋分前后进行较好。宜选阴天起苗定植，起苗前，剪去地上多余的枝条，保留3～4节的枝条。起苗后用黄泥浆蘸根，每穴1株苗，分层填土踏实，使根系舒展，栽后浇定根水。每亩栽种200～300株。

三、田间管理

1. 苗期管理 苗高7～10cm时进行第1次间苗，按株距5cm左右为准，拔除生长细弱的密苗。当苗高15cm左右时进行第2次间苗，按株行距7～10cm去弱留强，留壮苗1株。苗床管理要保证及时除草和追肥，比如可喷洒0.5%尿素水溶液进行根外追肥，苗株培育1年，当苗高50cm以上时即可出圃定植。

2. 除草 定植后每年要除草1～2次，防止杂草与连翘争水争肥，影响连翘的生长发育。

3. 施肥 苗期勤施薄肥，按每亩10～15kg施碳酸铵；定植后，每年冬季结合松土除杂施肥，按幼树每株2kg，结果树每株10kg，施入土杂肥和腐熟厩肥或饼肥；距茎20cm左右四周挖穴或顺根开沟，施肥后覆盖，壅根培土，以促幼树生长健壮而多开花结果。

4. 灌溉排水 没有灌溉条件的地方，如山区造林，以水土保持工程为主。要搞好土壤改良工作，修筑塘坝、小水库，拦蓄山坡径流，创造条件引水进行灌溉。此外也要设置好排水渠，以便雨大时能及时排水。因连翘最怕水淹，尤其雨季要及时排水，以免积水烂根。

5. 整形修剪　定植后幼树高达 1m 左右时进行整形，于冬季落叶后在离地面 30 ～ 40cm 处剪去顶梢，再于夏季多发分枝时，在不同的方向选择 3 ～ 4 个发育充实的侧枝做主枝培育，以后在主枝上再选留 3 ～ 4 个壮枝，培育成为副主枝，在副主枝上，放出侧枝，通过几年的整形修剪，使其形成低干矮冠；同时要注意修枝，每年冬季将枯枝、重叠枝、交叉枝、纤弱枝、徒长枝和病虫枝剪除，生长期还可进行疏删短截。每次修剪之后，每株施入过磷酸钙 200g、火土灰 2kg、尿素 100g、饼肥 250g，于树冠下开环状沟施入，施后盖土，培土保墒。对已开花结果多年，开始衰老的结果枝群也要进行短截或重剪，即剪去枝条的 2/3，可促使剪口以下抽生壮枝，恢复树势，提高结果率。

【病虫防治】

1. 钻心虫　主要是幼虫危害茎枝的髓部。受害部位不能正常生长而终致枯萎。

防治方法：用药棉蘸 50% 的辛硫磷原液堵塞蛀孔毒杀；虫卵孵化期喷 50% 的辛硫磷乳油 1000 ～ 2000 倍液，5 ～ 7 天喷 1 次，连喷 2 ～ 3 次；将受害枝剪掉及时烧毁；可用紫光灯诱杀成虫。

2. 蜗牛　主要危害花及幼果。

防治方法：在植株周围撒石灰粉或人工捕杀。

南沙参

【基原】

本品为桔梗科植物轮叶沙参 *Adenophora tetraphylla*（Thunb.）Fisch. 或沙参 *Adenophora sricta* Miq. 的干燥根。

【适宜生境】

南沙参对土壤和栽培的要求不严，适应性强，喜温暖、凉爽和光照充足的气候条件，能耐阴、耐寒和耐旱。常生于海拔 600 ～ 2000m 的草地和森林地带，海拔 3000m 的向阳草坡和丛林中也有生长。种植则以土层深厚、质地疏松、排水良好、微酸或微碱性沙质壤土、壤土、紫色土为宜，怕涝，忌积水。前茬以禾本科、豆科作物为好。

【栽种技术】

一、生长习性

南沙参的种子寿命为一年半，储存时间越长的种子发芽率越低。在 8℃时种子开始出现萌发活动，萌发的最适宜温度为 15℃～ 18℃。植株生长发育的适宜温度为 16℃～ 25℃，温度低于 10℃时会出现生长发育不良的现象，高于 25℃时，茎叶可以生长但不利于根的生长，幼苗生长缓慢。霜降后地上部分枯萎，地下部分越冬后于翌年 3 月重新生长，然后进入生长旺盛期，根生长膨大期在 6 ～ 8 月，8 ～ 10 月为花期，9 ～ 10 月为果期。当年的植株一般不开花、不结实。

二、繁育方法

选择生长健壮、无病虫害、株型一致的植株做留种用。在开花后剪去多余的侧枝和花枝梢，以减少养分消耗。结果时摘除侧枝上的小果盘，每株只留主茎上的果盘，以集中养分促使籽粒饱满。在果实近成熟、呈黄褐色时，趁其尚未开裂时连梗采下，放于室内的通风干燥处使其后熟，数日后晒干、脱粒。

三、栽种方法

1. 选地整地 选择土层深厚、质地疏松、排水良好、微酸或微碱性沙质壤土、壤土、紫色土的向阳或半阴半阳的山地、丘陵、旷野及田园，忌重黏、低洼、积水地。前茬作物以烤烟、土豆、芋头为好。土地整理时每亩施用腐熟的农家肥 2200 ～ 2500kg，还可根据土地的情况配施适量的复合肥，将更好的地耙细整平做成宽 1.2m 左右的畦，待播。

2. 播种 南沙参主要采用种子进行繁殖，每亩用种 1.2kg 左右，可采用春播（2 ～ 3 月）或秋播（10 月底～ 11 月底）。将种子播种在整好的畦面上按行距 30 ～ 40cm 开 4 ～ 6cm 深的浅沟，将种子均匀撒在沟内，覆细土以不见种子为宜，再盖土覆平，轻轻压实后浇水。为保温、保湿、促发芽，播种后可铺盖一层草。适宜条件下在播种 20 天左右出苗，冬播于翌年 3 ～ 4 月出苗。

四、日常管理

1. 间苗定苗 苗出土后应保持土壤湿润，苗高 3 ～ 5cm 时进行间苗，苗高 8 ～ 15cm 进行定苗，定苗后施稀薄人畜粪水。

2. 除草 沙参属密植作物，行距小，茎叶嫩、易断，不宜用锄中耕。苗期结合间苗定苗，选阴天拔出杂草，适当中耕以防土层板结。早春气温回升后，用钉耙松土保墒。植株封畦后，应停止除草以免折断茎枝。

3. 追肥 一般春秋二季施肥：春肥在 4 月下旬至 5 月上旬，可每亩施约 1000kg 腐熟的人畜粪水；夏肥一般在开花前或现蕾时进行，每亩施腐熟的堆肥 2000 ～ 2500kg，既可提高土壤肥力，还可起到防寒保温的作用。

4. 灌溉排水 沙参的植株耐旱，但在早春干旱时，还是应注意补水促苗，以喷灌或泼浇为好。使土壤上干下湿，促根向下扎。沙参的植株怕涝，要做好排灌工作，尤其注意雨季排水，防止积水成涝。

5. 打顶 为减少养分消耗促进根部生长，对 1 ～ 2 年生的或非留种田的沙参植株应在现蕾时及时掐去花序，控制植株高度。

【病虫防治】

一、病害

1. 褐斑病 主要危害叶片。

防治方法：清园；排水；用1∶1∶1000波尔多液或65%代森铵可湿性粉剂500倍液喷洒叶面。

2. 根腐病 多因雨季低洼积水造成，危害根部。

防治方法：雨季及时排水；用石灰水处理病穴；发病初期可用50%多菌灵，或50%甲基托布津1000倍液浇灌病株，用50%退菌特500倍液喷根茎部。

3. 缩叶病 这是一种由红蜘蛛传毒引起的病毒病，导致病株叶片皱缩、扭曲，生长迟缓，植株矮小畸形。

防治方法：选无病植株留种；苗期发病前喷洒1～2次20%病毒A可湿性粉剂500倍液，或1.5%植病灵乳剂1000倍液；苗期发生红蜘蛛时，喷洒20%螨死净悬浮剂2000～3000倍液。

二、虫害

1. 大灰象甲 成虫咬食幼芽和幼叶，造成严重缺苗。

防治方法：于清晨或傍晚，在根际附近人工捕杀成虫。

2. 蚜虫 以吸食植物的茎肉汁液为害。

防治方法：冬季清园；喷洒50%抗蚜威可湿性粉剂3000倍液，或2.5%溴氰菊酯乳剂3000倍液等。

3. 钻心虫 幼虫钻入根、茎、叶、花蕾中为害，使根茎中空、花蕾不实，严重影响产量和质量。

防治方法：冬季清园，减少越冬虫卵；在幼虫孵化盛期，喷洒1.8%阿维菌素乳油3000～4000倍液，或BT可湿性粉剂800倍液，或25%苏云金杆菌乳油2500～3000倍液。

4. 地老虎 幼虫苗期咬断植株根茎，造成缺苗，严重时造成大面积死苗缺苗。

防治方法：冬季清园，减少越冬虫卵；施用充分腐熟的粪肥；用黑光灯或毒饵诱杀；为害期间每亩用0.2～0.3kg 50%辛硫磷兑水6000～7500kg灌根。

牛 膝

【基原】

本品为苋科植物牛膝 *Achyranthes bidentata* Bl. 的干燥根。

【适宜生境】

牛膝喜温暖、干燥、阳光充足的气候环境，不耐严寒，气温在 -17℃以下时会发生冻害，忌潮湿。野生于海拔 1500m 以上的高山地区，栽培则适宜选疏松、肥沃的沙质壤土。

【栽种技术】

一、生长习性

牛膝为深根系植物，主根越粗壮，药材品质越优良。当牛膝开花结果后，根部木质化，作为药用则品质差。苗期及根部膨胀期需要湿润的生长环境，其他生长期则要求干燥的生长环境，若湿度过大会引起植株徒长，根部生长缓慢，甚至烂根现象。牛膝在土层深厚、疏松肥沃、排水良好的沙质壤土中生长较好，忌盐碱地和低洼地。对前茬作物要求不严，但忌连作，不能在一块土地上连种。

二、繁育方法

牛膝的繁殖主要是用种子和根茎进行。用种子繁殖，应选择生长健壮、叶圆肥大、苗高适中、无病虫害的三年生植株留种，种子成熟时割下果枝，晒干，脱种备用。用根茎繁殖，应在采收药材时选主根大、侧根少、芦头不超过 3 个、根条长、粗细均匀、颜色较白者移栽或窖藏后宜翌年春季栽种，栽种行株距为 40cm×30cm。因根茎繁殖太慢，多不采用，常采用种子繁殖。

三、栽种方法

1. 选地整地 宜选土层深厚、土质肥沃、富含有机质的沙质壤土或排水良好的坡地或丘陵地带，平原则可选择在水位低的土地栽种。在山区栽种时应于上冻前将地深翻 30 ～ 35cm，拣去草根、石块等物，使土壤充分风化，待到第二年春天种植；平原种植时将选好的土地在头年秋后深翻 30 ～ 35cm，待第二年春天，施足底肥，平整做畦，以备播种。土地整理时根据土壤的肥力情况施足底肥，一般每亩约施用腐熟的农家肥 3000kg。

2. 播种环境 温度在 15℃～ 30℃时，种子即可正常发芽，播种期一般在谷雨前后，因地区不同而有差异，北方宜早，南方宜迟，播种方法有撒播、条播和穴播。

（1）条播：按行距 30 ～ 35cm 开深 2cm 左右的沟，均匀撒种，覆土镇压，厚度以不露种子为度。每亩用种子 1.2 ～ 1.5kg，适宜条件下 15 ～ 20 天出苗。

（2）撒播：先将种子均匀撒在畦内，用耙子轻耙表土，使种子入土，随后轻压一遍，再覆少量细湿土。每亩播种量 0.6 ～ 1kg。

（3）穴播：山区种植，可挖穴点播，穴深 3cm，直径 30cm，内撒草木灰，与土拌匀。每穴播种子 10 ～ 15 粒，用土覆盖。

四、田间管理

1. 间苗定苗 苗高 3 ～ 4cm 时，按株距 6 ～ 7cm 进行间苗。苗高 10 ～ 12cm 时，按株距 15cm 左右定苗。

2. 除草 除草一般 2 ～ 3 次，结合间苗和定苗时进行，中耕宜浅。苗高 3cm 左右时，进行第一次除草，以后视杂草滋生情况再除草 1 ～ 2 次，封行后则基本不用再进行除草。

3. 追肥 牛膝生长一般追肥 2 ～ 3 次：第一次于定苗后，应以氮肥为主，配施钾肥，每亩可施腐熟粪水 1600 ～ 2000kg 或硫铵 12 ～ 15kg，同时追施硫酸钾 6 ～ 10kg；第二次于打顶后，应以磷肥为主，磷氮结合，每亩追施腐熟粪水 2000kg 加过磷酸钙 50kg，或追施磷酸二铵 5 ～ 7kg 和硫酸铵 8 ～ 10kg；南方可于 10 月再追施腐熟粪水 2000kg。

4. 灌溉排水 牛膝喜干，但是苗期和采收前则需要保持土壤湿润。定苗后至 8 月中旬，为利于根系深扎，则应控制土壤水分，不宜过湿，8 月中旬以后保持土壤湿润，如土壤过干，应适量灌水，以利采挖。雨季应注意及时排水防涝，以防烂根。

5. 打顶除蕾 为防营养流失，利于根部生长，除留种田外，在植株顶部大量产生花序时，要将花序及时割去。

【病虫防治】

一、病害

1. 根腐病 病原是真菌中的一种半知菌。7 ～ 8 月发生，在雨季或低洼积水处易发病。主要危害根部。发病后叶片枯黄，生长停止，根部变褐色，逐渐腐烂，最后导致植株枯死。

防治方法：注意排水；选择地势高燥的地块种植；实行轮作。

2. 褐斑病 病原为牛膝尾孢，属半知菌亚门孢属真菌。7 ～ 8 月雨季发生，危害叶片。初期叶上生褐色小点，后逐渐扩大产生多角形或不规则形病斑，呈灰褐色或灰色，边缘黄色或黄褐色，严重时整个叶片变为灰褐色，植株枯萎死亡。

防治方法：同白锈病。

3. 白锈病 病原为白锈菌，或称大孢白锈菌，属鞭毛菌亚门真菌。发病时在叶片背面引起白色疱状病斑，稍隆起，外表光亮，破裂后散出粉状物，为病菌孢子囊。

防治方法：收获后清园，集中病株烧毁或深埋，以消灭或减少越冬病原；发病初期喷 1 ∶ 1 ∶ 100 波尔多液或 65% 代森锌 500 倍液，每 10 ～ 15 天喷一次，连续喷 2 ～ 3 次。

二、虫害

1. 银纹夜蛾 属鳞翅目夜蛾科，幼虫咬食叶片，受害叶片呈现空洞或缺刻。

防治方法：人工捕杀；用 20% 氯虫苯甲酰胺 3000 倍液等喷雾防治。

2. 红蜘蛛 属蜘蛛纲蜱螨目叶螨科，危害叶片、嫩茎，拉丝结网于叶背，吸食汁液。

防治方法：用 15% 的哒螨灵乳油 2500 倍液或 1.8% 的齐螨素乳油 6000 ～ 8000 倍液或 20% 螨死净可湿性粉剂 2000 倍液喷雾进行防治。

桑

【基原】

本品为桑科植物桑 *Morus alba* L. 的干燥根皮、果实、叶，以及嫩枝。

【适宜生境】

桑为喜光物种，需要充足的光照才能生长良好，桑树对光能的利用率为1% ～ 5%，生长适宜温度为25℃～ 35℃。桑较耐干旱，不耐涝，对土壤的要求也不严，较能耐瘠薄，一般土质均能生长，但以疏松、肥沃、透气透水的沙质壤土为好，黏性土较差。桑的耐酸碱性也较强，在 pH 4.5 ～ 7.5 的土壤中都能成活，但以中性或微酸性土壤最为适宜。

【栽种技术】

一、生长习性

桑为多年生木本，直根系植物，主根可深入土中达 1.5 米，水平根也极发达，向四面伸展可达 4 ～ 6m，分布面积约为根冠的 1.5 倍，有明显的趋肥性。随季节变化，桑的生长可明显分为生长期和休眠期。从春季萌发到落叶期为生长期，从落叶到次年开春桑芽萌动为休眠期。桑为喜光树种，需要足够的光照才能保证良好生长。桑树的发芽期需 15 ～ 20 天，历经脱苞、鹊日、开叶三个阶段。环境温度升高到 20℃左右时，新生叶梢生长加速，此后的 5 ～ 6 个月均为桑树的旺盛生长期。在水肥充足的情况下，每 2 ～ 4 天长一片新叶，在此期间，根系活动也很旺盛，地上部分光合作用强，需加强水、肥的供应管理，以满足其生长发育需要。中秋以后随着气温的下降，桑的生长也变得缓慢，开始贮存养分准备过冬，当气温低于 12℃时，逐渐脱叶进入休眠期。

二、栽种方法

1. 选地整地 选择光照充分、通风良好、排水通畅、地势平坦、土层深厚的平地、坡度不超过 25°的斜坡地建园，地下水位在 1.5m 以下。种植前要深翻土地，施足底肥，改变土壤的理化性状和微生物的生活条件，提高土壤肥力，为桑的生长创造良好的生长环境。种植前按4m×4m的距离开穴，穴的深度和直径约为70cm×70cm，在穴内施放腐熟厩肥、堆肥，与土拌匀，然后盖土待植；苗圃地也应选择地势平整、光照充足、土层深厚、能排能灌的沙质壤土，施足底肥，深耕细作，做成1～1.2m宽的畦，做到畦平土碎，沟渠相通。

2. 播种 常用的繁殖方法有种子育苗繁殖和扦插繁殖。

（1）种子育苗繁殖：5月间果实成熟时，选择健壮无病桑树，采紫黑色桑葚，放细眼竹箩中踩烂或揉烂，用水慢慢漂洗去瘪子、果肉、果皮等杂物，淘出的桑子应薄薄地摊晾于通风处阴干，不能晒干。每35～50kg桑葚可得1kg种子，约有70万粒。桑播种可在三季进行：春播苗生长期长，当年即可提供砧木或栽种用苗。夏播不受温度、时间的限制，种子成熟随采随播，种子不需处理，直接播种即可，出苗率很高，分撒播和条播两种。但当年生长期短，需经过1年培养才能供栽培和嫁接。秋播苗很少受到虫、病害侵袭，保苗容易。

出苗后即可揭去盖草，桑苗高3cm时进行间苗和补缺；当苗高10cm左右，有5～6片真叶时，可进行间苗、定苗，同时除草，每15cm留苗1株；每次间苗、定苗后，应立即进行追肥；定苗以后，幼苗即进入旺盛生长期，每隔20天应施肥1次。施肥以腐熟人畜粪尿为主，适当加入氮素化肥，原则是由淡到浓，避免误伤苗叶。立秋时节即应停止施肥，以防苗木徒长。留作砧木的苗，在9月底摘去顶心，以促使其长粗长壮，利于嫁接，苗期要及时防治病虫害。

（2）扦插繁殖

①硬枝扦插：在桑芽萌发前，一般在2～3月，剪取一年生枝条，选用基部和中部，剪成20～25cm长的插条，放在10℃以下的低温处贮藏，等气温升高到20℃左右，再取出扦插；扦插地的准备与育苗地基本相同，按株距15cm、行距25～30cm扦插，插深10cm左右，上露出1～2个芽；行间覆草保湿，经常浇水保湿，30天左右即可长根。

②嫩枝扦插：选用当年生新植株的老枝条，剪取基部12～15cm为

一插条，插穗上端留 2 片截去上半部分的桑叶，其余摘叶留柄；插入苗床 8 ～ 10cm 深，上面搭棚遮阴，并浇水保持土壤湿润；大约 30 天长出新根，可揭去遮盖物；扦插苗同样要及时进行除草、追肥、防虫、防病。

三、田间管理

1. 整形修剪　桑苗定植后，要对枝干进行修剪，尽早定型。以采叶为主的桑树，多修剪成小冠开心树型较适宜，这种树形树冠开张，修剪量小，长势较好。

2. 施肥　一般在春、夏、秋季各 1 次，共施肥 3 次：春肥在发芽前施入，为催芽肥；夏肥在 6 ～ 7 月份施入，施肥量占全年施肥量的大多数；秋肥在秋耕前施入。桑对氮、磷、钾的利用率分别为 70%、35%、60%，因此施肥比例为氮∶磷∶钾 =5∶3∶4，较为合适。

3. 灌溉排水　桑树生长最适宜的土壤湿度为田间持水量 70% ～ 80%。当土壤水分不合适时，会影响桑的生长：土壤水分过少，则生长缓慢，叶枯落；水分过多，土壤缺乏空气，根部水分和养分的吸收受到抑制，形成生理上的干旱，叶片萎黄。因此，桑园既要抗旱灌水，也要防涝排水：抗旱可采用灌溉、松土、除草、浇清粪水、地面覆盖等综合性措施，适当灌溉对于盐碱较重的桑园还有排碱的作用。

4. 追肥除草　在桑树落叶后进行冬耕，结合施肥，可深耕 20 ～ 24cm，既可改善土壤性状，又可冻死土中害虫、病菌，以减少来年病虫害。夏耕则至 8 ～ 10cm 即可，结合除草进行。除草可用机械除草，也可用化学除草：选用茅草枯、草甘膦、敌草隆等化学除草剂。

5. 整枝疏芽　在冬季桑树落叶后进入休眠期进行整枝：修去病枝、枯枝、下垂枝，使树势整齐、强健。在春、夏采叶后进行疏芽：适当摘芯，以抑制新梢过度伸长，促使叶片长大长厚，养分集中，生长茁壮。

6. 老园更新复壮　衰老桑树，可通过春伐、茎接、剪定、切干、降干等方法更新复壮；枯株、病株，可通过压条育苗或移植嫁接苗补缺，并注意肥水管理，使桑树恢复树势，旺盛生长。

【病虫防治】

一、病害

1. 桑芽枯病　此为真菌性病害，是桑树常见的枝干病害之一，为害桑芽。发病严重时，30% 的桑树受害，影响春叶产量。病原侵犯冬芽时，使之枯死不能萌发，重则病斑以上枝条枯死，春季发芽时节使桑园呈枯焦一片。

防治方法：秋季采叶不要过盛，适当留叶，以利养分积累，增强抗寒抗病能力；冬季及时整枝，修剪病枝，减少越冬菌原；树干消毒，冬季休眠期涂以石灰乳或石硫合剂；加强虫害防治，减少虫伤；培育抗病新种；用 70% 甲基托布津 200 ～ 500 倍液喷洒。

2. 桑干枯病　病原是真菌性病菌，在冬季积雪、寒冷的北方地区为害严重；受害桑树因病菌寄生树干，使树叶流动受阻，引起病变树干以上全株枯死，重则危及全园；开春后可见树干出现病斑，逐渐蔓延扩大，随着温度升高，病情加重。

防治方法：冬季防冻可用稻草包扎树干；秋末冬初用波美石硫合剂喷洒枝干；开春后及时用小刀刮除病斑，并用石硫合剂涂抹伤口；树干用石灰乳刷白；烧毁病树病枝，重者可全园春伐；选育抗病新种。

3. 萎缩病　分为黄化型、萎缩型、桑花叶型 3 种类型。病原是类菌原体和线病毒，通过昆虫拟菱纹叶蝉和凹缘菱纹叶蝉传媒染病，表现为染病桑树枝叶缩小变薄、叶色变黄、腋芽秋发、侧枝丛生，加重后病叶脱落，乃至全株死亡。

防治方法：及早挖除病树烧毁；防治媒介昆虫菱纹叶蝉；加强桑树管理，避免偏施氮肥；繁育抗病品种；加强检疫病区的桑苗、接穗，禁止外运；可选用 100 单位硫脲嘧啶药液在夏伐前进行 2 ～ 3 次喷雾；对移栽苗木用每毫升含 1000 ～ 2000 单位的土霉素药液在栽植前浸根 3h 再栽种。

二、虫害

1. 桑螟　属鳞翅目家蚕科，专害桑树，以幼虫食害桑叶，重者可把成片桑园的桑叶吃光，不见绿叶。一年发生 3 ～ 4 代，以 7 ～ 8 月为害最盛；幼虫呈白色后转为淡黄色，成虫黄色，前翅有两条黑色波纹。

防治方法：做好检疫，防止越冬卵块随苗木、接穗运到新区，及时发现并消灭螨卵；桑螨发生时，尽早喷药，可选用 50% 辛硫磷乳油 1000 倍液喷雾，喷药后要间隔 1 周以上再采叶喂蚕；利用其天敌寄生蜂、寄生蝇等进行防治。

2. 桑螟 属鳞翅目野螟科，以幼虫为害桑叶，是桑树的专食性害虫，夏秋季为害最重，可使整片桑园无一片绿叶。一年发生 4 ～ 5 代，以老熟幼虫在杂草内、树干或桑园周围建筑物的缝隙中结茧化蛹越冬。

防治方法：参见桑螨。

3. 桑天牛 属鞘翅目沟茎天牛科，以幼虫蛀食枝干，使枝干枯死，成虫咬食桑枝皮层，导致枝条易折断、枯死，幼虫蛀孔和隧道常成为其他害虫的隐伏场所。

防治方法：人工捕捉成虫、虫卵；将药物注入虫蛀孔，可选用 20% 氯苯甲酰胺 3000 倍液，或 25% 高效氯氰菊酯乳油 500 ～ 1000 倍液，或 10% 吡虫啉可湿性粉剂 500 ～ 800 倍液；利用其天敌如天牛卵姬小蜂等进行防治。

4. 桑尺蠖 属鳞翅目尺蛾科，越冬幼虫在桑蚕萌发时为害桑芽，芽食尽后连芽周桑植皮层亦遭食害，幼时群集叶背取食，成虫夜间取食，白昼栖息，幼虫常年可见，春季为害最重。桑树是其唯一的寄生植物，是桑树的重灾虫害。

防治方法：冬季清园，烧毁落叶杂草，消灭越冬害虫；早春喷洒 50% 辛硫磷乳油 1000 ～ 1500 倍液，每周 1 次，连喷 2 ～ 3 次；保护桑尺蠖脊腹茧蜂、桑尺蠖绒茧蜂、桑尺蠖黑卵蜂等桑尺蠖的天敌；人工捕杀幼虫和蛹。

5. 桑蓟马 属缨翅目蓟马科，成虫、若虫以锉吸式口器锉破桑叶、叶柄表皮，吸食汁液，桑叶上出现无数褐色小凹点，使桑叶失水僵化，重则使成片枝条、叶片干瘪卷缩，呈锈色，叶质变劣。一年发生数代，从 4 ～ 10 月都可看见。

防治方法：清洁桑园，将残枝败叶、杂草集中处理烧毁；可选用 50% 辛硫磷 3000 倍液喷洒。

6. 其他 对桑毛虫、刺蛾、黄叶虫、桑粉虱等均应采取综合防治、全年防治的措施，才能更好地控制其为害。

沙 棘

【基原】

本品为胡颓子科植物沙棘 *Hippophae rhamnoides* L. 的干燥果实及根茎。

【适宜生境】

沙棘对生态适应能力很强，耐寒，耐旱，耐瘠薄，抗风沙。对环境要求低，无论海拔高低，南北坡向，土壤肥瘠，干湿环境都能生长。主要分布在海拔 1000m 以上的地区，海拔 1600 ～ 2000m 的地区植株生长最茂盛、产果较多，以中性或微碱性的沙质壤土或轻壤土的向阳坡生长为佳。

【栽种技术】

一、生长习性

沙棘种子细小，自然界主要通过鸟的粪便进行传播。沙棘种子刚萌发时的幼芽细弱，抗寒、抗旱性较差，成活率较低，因此繁殖主要是通过根萌枝进行自然更新。

沙棘根的分蘖能力非常强，三年生以上的沙棘，每年可分蘖 9 ～ 20 株，向周围扩展 1 ～ 2m。砍除地上部分后，蘖枝生长更快，是恢复植被的植物先锋。沙棘的根系特别发达，纵横交错呈网络状，垂直根可深达 4m，水平根很多，可延伸至 5 ～ 6m。沙棘的固土能力非常强大，有较强的共生固氮作用。

沙棘雌雄异株，主要靠风媒传粉授粉。一般二年生以上的枝条可以结果，实生苗生长缓慢，4 ～ 5 年才进入结果盛期，分蘖苗 2 ～ 3 年即可进入盛果期，几年后则生长开始滞缓，植株开始衰老，结果开始减少。应经常进行人工修枝，以延长结果年限，恢复树势。

二、繁育方法

栽培沙棘可采用种子、扦插、分根、压枝等多种方法繁殖。由于沙棘为雌雄异株植物，其中种子繁殖很难控制雌雄比例，而扦插和分根则可以定量控制雌雄比例。

1. 种子繁殖 当果实变黄、成熟时采下，搓去果肉，将种子漂洗干净、阴干，于干燥通风处贮藏，避免受潮，贮藏环境潮湿会很快使种子丧失发芽能力。种子繁殖可春播也可秋播：春播在 3 ～ 4 月间，种子播种前常进行浸种处理，用 30℃左右温水，浸种 24h 至种子膨胀，催芽后直播，以行距 15cm 进行条播，温湿度适宜，6 ～ 10 天即可出苗；秋播宜在晚秋，种子一般不处理，播种后，畦面盖土，浇冻水，翌春出苗。

2. 扦插繁殖 早春时节，选中等程度成熟生长枝，截取后低温保存。一般在 4 ～ 5 月，气温 20℃～ 30℃进行扦插：用剪刀将插条剪成带有 10 个节的 10cm 短枝，下端 1.5 ～ 3cm；可用萘乙酸浸泡一夜（14 ～ 16h），翌日清晨取出，在苗圃中按行距 20cm、株距 10cm 斜插。

沙棘生根时对温度很敏感，苗圃中可套作高株植物，如玉米，以便遮阴。插床基质应具备保温、保湿措施，基质温度要求 28℃左右，湿度应在 20% ～ 25%，空气相对湿度保持 80% ～ 90%，是扦插苗生长的适宜条件。翌年春天可进行移栽。

3. 分根繁殖 沙棘根的萌蘖性很强，生长过程中植株周围会蘖生大量的萌生苗，挖起即可栽种。

三、栽种方法

沙棘种子育苗 2 ～ 3 年、扦插育苗 1 ～ 2 年后，即可进行移栽、定植、造林。一般在春季 3 ～ 4 月份进行，按行距 5 ～ 8m、株距 2m 挖直径 40cm、深 0.5m 的穴，定植，将根系理顺填土压实，浇足定根水，一般雌雄比例 8∶1 为好。

四、田间管理

1. 防风 风过大会影响沙棘授粉，因此沙棘园应注意防风，建立防风林利于生长，提高沙棘产量。

2. 追肥 前期以氮、钾肥为主，枝条停止生长以后应以磷、钾肥为主。每年 5 ～ 10 月间进行几次除草。

3. 灌溉排水 沙棘抗旱能力极强，一般在萌芽期和果实成熟期根据情况进行一次灌水即可。沙棘不耐涝，在雨水较多的季节要注意排水。

4. 整形修剪 沙棘分为休眠期和生长期修剪，树形有自然半圆形、灌丛树形、低于矮冠疏散分层形、“三层楼”形等。

（1）幼树整形修剪：主要在春季进行。树形依树势、立体条件而变化，一般分为灌丛状整形或主干整形。

（2）成龄树修剪：冬剪时主要是疏去徒长枝、下垂枝、三次枝、干枯枝、内膛过密枝及外围弱果枝。对外围的一年生枝进行缓放或轻短截，稳定树冠。夏剪主要是疏除过密枝，并对徒长枝摘心。

（3）老树更新修剪：沙棘树寿命短，一般在七年生时考虑更新，适当回缩老结果枝，缓放或重剪果枝下部的长枝，使其成为结果枝；对十年生者可考虑大更新，丛状整形的可留一个枝从 60cm 处短截，其余从基部截去，从当年发出的新枝中选留主枝，形成新的树冠。

【病虫防治】

一、病害

1. 褐腐病 一般多在苗期发病，可导致扦插育苗大量死亡。

防治方法：发病时要及时清除病株；可用 70% 甲基托布津可湿性粉剂 800 ～ 1000 倍液或 50% 多菌灵可湿性粉剂 500 ～ 800 倍液进行防治。

2. 猝倒病 一般在幼苗长出 2 ～ 4 片真叶时容易发病，发病时根茎处长出长形褐色病斑，病部凹陷缢缩，严重时倒苗死亡。

防治方法：发病时喷施高锰酸钾 1000 倍液；可用 70% 甲基托布津可湿性粉剂 800 ～ 1000 倍液或 50% 多菌灵可湿性粉剂 500 ～ 800 倍液防治。

3. 干枯病 5 月底到 6 月初发病严重。为害植株时造成部分枝条的叶片发黄、脱落、枝条逐步枯萎，全株生长不良；或者整个植株上下叶片发黄，部分枝条死亡，整个沙棘树逐渐死亡。

防治方法：对于密度过大的沙棘林，可实行间伐，伐后密度控制在 0.6 左右，保持林间通风透光，对主干上的病斑实行刮除；发现病株应立即清除、烧毁，病枝也要及时剪除；栽培前可适当施一些石灰、磷钾肥和微量元素；可用 50% 苯菌灵可湿性粉剂 1500 ～ 2000 倍液喷施。

二、虫害

1. 沙棘巢蛾 其幼虫危害芽苞和叶，甚者影响枝的生长发育。

防治方法：在芽苞生长初期，用20%氯虫苯甲酰胺3000倍液等喷雾防治。

2. 沙棘蝇 幼虫危害果实。

防治方法：在虫害发生期，用20%氯虫苯甲酰胺3000倍液等喷雾防治。

3. 沙棘豆象 幼虫危害种子。

防治方法：在虫害发生期，用20%氯虫苯甲酰胺3000倍液等喷雾防治。

4. 蚜虫 若虫在芽苞开放时孵化，主要危害芽和叶。

防治方法：用抗蚜威1000倍液喷杀。

5. 柳蝙蛾 幼虫主要危害侧枝和主干。

防治方法：加强田间管理，破坏虫卵的越冬环境；用20%氯虫苯甲酰胺3000倍液等喷雾防治。

沙苑子

【基原】

本品为豆科植物扁茎黄芪 *Astragalus complanatus* R.Br. 的干燥成熟种子。

【适宜生境】

沙苑子喜温耐寒，耐旱怕涝，耐盐碱，对土壤的要求不严，适宜生长于向阳处的质地疏松、排水良好的沙质壤土。忌连作，前茬植物以禾本科作物为好。

【栽种技术】

一、生长习性

沙苑子根系发达，根瘤菌有固氮作用，能培肥土壤，可作为改造沙漠、防风固沙的优良作物。

二、繁育方法

沙苑子一般用种子繁殖，9 ～ 10 月份，当 80% 的荚果呈黄褐色时，在距地面 6cm 处将植株割下，晒干，脱粒，除去杂质，贮藏于通风干燥处留种。

三、栽种方法

1. 选地整地 宜选用排水良好、干燥向阳地种植，也可在山坡和地边田埂处种植。选好地后，结合耕地每亩施腐熟厩肥 3600kg、过磷酸钙 25 ～ 30kg。

2. 播种 沙苑子采用种子繁殖。可以进行春播或者秋播，春播在 4 月份，秋播在 8 月份。按行距 30cm、深 2 ～ 3cm，条播，覆土 1 ～ 2cm；播种后踏实、浇水，还可和小麦套种。

四、田间管理

1. 定苗 当苗高 6 ～ 9cm 时定苗，按穴距 10 ～ 12cm，每穴 2 ～ 3 株

定苗。

2. 除草 视杂草情况，进行多次除草。一般幼苗期要及时除草，孕蕾期应进行 1 ～ 2 次松土除草，每年收获后还应彻底除草 1 次。

3. 追肥 需多次追肥。一般孕蕾期结合松土每亩追施人粪尿或硫酸铵 2 次，每年返青时每亩追施厩肥 1200 ～ 1500kg，入冬前要追施越冬肥。

4. 灌溉排水 沙苑子怕旱怕涝，雨季要及时排水，干旱时要及时浇水。追施越冬肥后，应浇冻水，可连续收获 3 ～ 4 年。

【病虫防治】

一、病害

偶见白粉病，主要危害叶片。发病初期，叶片上出现灰白色粉状病斑。后期病斑上出现黑色小颗粒，无明显病斑。

防治方法：清理田园，处理病残株；发病初期，每隔 10 天左右喷洒 1000 倍 50% 的甲基托布津或 800 倍的代森铵，连续喷 3 ～ 4 次。

二、虫害

虫害以红蜘蛛为主，特别是在持续干旱时更严重，危害整个植株或幼嫩器官。可用 15% 扫螨净乳油 1500 倍液，或 73% 克螨特乳剂 2500 ～ 3000 倍液喷雾。

山 药

【基原】

本品学名薯蓣 *Dioscorea opposite* Thunb，别称山药、怀山药、土薯、山薯、玉延、山芋，属百亚合目薯蓣科薯蓣属。

【适宜生境】

山药属于高温短日照植物。适应性强，海拔 700 ～ 1600m 的丘陵或高山均有分布。喜温暖、湿润、阳光充足的自然环境，地上部分经霜就枯死，地下部分也不耐冰冻，生长的适温范围为 20℃～ 30℃。土壤 pH 以 6.5 ～ 7.5 为宜，在过酸或过碱的土壤中生长不足，在土层较深厚、疏松肥沃、排水良好的沙质壤土中生长最好，土质黏重及低洼地不宜栽培。

【栽种技术】

一、生长习性

生长期分为发育期、发棵期、块根生长盛期、块根生长后期和休眠期 5 个时期。

二、繁育方法

1. 山药栽子繁殖 山药栽子也叫山药嘴子、龙头，即山药块茎上有芽的一节。在山药收获时，选择长 16 ～ 20cm、颈短、粗壮、无分枝、无病虫害的山药栽子作种用。山药栽子收取后，需处理后贮藏，以免腐烂变质。南方一般在室内通风处晾 1 周左右，北方可放在室外晒 4 ～ 5 天，以使其表面水分蒸发，断面伤口愈合。栽子可放入地窖内（北方）或放在干燥的屋角（南方）贮藏，一层栽子放一层稍湿润的河沙，交替放 2 ～ 3 层，最上部盖上草毡等物保温、保湿，以防冻伤，贮藏温度应保持在 0℃以上。在贮藏过程中，应定时检查，如果发现温度、湿度有变化，要及时调整。

2. 山药块根繁殖 将山药块根按 8 ～ 10cm 分切成段，分切时应注意保留每块段子上的皮层，否则不能萌芽。分切山药段子，一般在种前 1 个月进行，应选择在晴天，分切刀要消毒。分切后将段子的切口处粘一层草木灰，以减少病菌的侵染率，保证种株无病害。我国北方地区也有用石灰蘸创面的，效果也不错，但用量需控制。

3. 零余子（珠芽） 9～10月下旬采收山药时，不等自然脱落即可采收，摘取叶腋间球形的珠芽，选籽粒粗壮、毛孔稀疏，且有光泽的珠芽（零余子）作种，与沙土混合堆储于温暖处过冬。第二年，按育苗与大田1∶6或1∶8的要求播种，秋冬采收后，即可得到来年大田用种的小块茎。零余子繁殖法属于无性繁殖，但零余子属于气生薯块，具有与种子繁殖相似的特性，既能提高山药生命力，防治退化，也能大幅度提高繁殖系数，具有花工少、占地少的优点，是山药生产必不可少的繁殖方法，其缺点是生长速度慢。

三、栽种方法

1. 选地整地 山药是深根植物，土地养分消耗大，宜选用向阳、土层深厚、疏松肥沃、排水流畅、地下水位在1m以下、pH在6～8之间的沙质壤土。土壤中不能混杂有直径1cm以上的石块，否则山药块茎分杈严重，根形不美，降低商品价值。pH 5以下的酸性土壤，不宜种植山药，否则块茎易生支根和根瘤，影响正常生长。pH超过8的土壤，山药块茎下扎困难，降低产量。

一般在冬前深翻土地，挖土时将表土和底土分开堆放，经过冬季日晒风干后，于翌年春天下种前施入基肥。每亩施充分腐烂的厩肥、堆肥4500～5000kg，并注意使肥料均匀。我国南方雨水多，可将山药地做成高垄，在垄上栽培山药，防止土地湿涝；北方雨水少，可将山药地做成平畦，但地下水位低于1m时，也应采用高垄栽培。

2. 定植 一般在地表土温（距土面5cm以内）稳定在9℃～10℃后即可定植：春暖较早的地区，如闽南及两广可在3月份定植；四川一般在3月下旬至4月份定植；华北大部分地区在4月中下旬定植；东北地区一般在5月上旬定植。定植时，按株行距（20～25）cm×（26～30）cm，开6cm深的沟条播，幼苗可部分露出土面，不必全部埋住；如果提早定植，须扣上地膜为好。

四、田间管理

1. 间苗 应及时间苗，如果出苗后有数株幼苗在一起时，只留下一株强壮幼苗。

2. 除草 由于山药出苗后生长很快，所以除草只在早期进行；中耕要求浅耕，只将土壤表面整松即可。此外，应及时拔除杂草，避免其争夺养分，但应注意，不要损伤块茎和根系。

3. 施肥

（1）厩肥等有机肥：主要采用土面铺粪的方法，在山药种植土地上盖上一层即可；厩肥量足时，也可铺得厚一些，这对于将山药生地改为熟地很有好处。

（2）化学肥料：山药追肥时施用化肥：第一次应该在山药出苗1个月后，每亩施用尿素15kg；第二次在山药植株现蕾时，每亩施用氮磷钾复合肥45～50kg；最后一次追肥在收获前40天进行，每亩施用磷酸二铵12～15kg。

4. 浇水 一般在山药定植前浇一次透水，定植覆土后不再浇水，一直到出苗后10天左右浇水；定植后第一次浇水，浇水量要少，不能大水漫灌；可用锄或耙在垄上开一条小沟，在沟中浇水，使水逐渐下渗；出苗长度不足1m时不宜浇水，这样有利于山药根系向下伸展，增强抗旱力。浇完第一次水1周后可浇第二水；第二次亦不能浇大量水，浇水以后用浅齿耙等工具将土面耕成虚土，防止板结。一般在第三次浇水时，可以加大水量，以后注意保持土壤半干半湿的状态。随着山药植株生长旺盛期的到来，需水量不断增加，应及时调整浇水量，满足山药生长对水分的要求；立秋之后，灌大水一次促使山药块茎增粗，防止继续伸长。总之，凡是沙壤土中栽培山药，浇水要少而勤。在黏壤土中栽培山药，由于保水性好，在满足山药正常生长的前提下，采用何种方式浇水均可。

5. 搭架 山药茎为缠绕性，苗高30cm以上时，即可搭立支架；架高一般不应低于1.5m；支架常搭成“人”字形架，每株1支，在距地面1.6～2.0m处交叉捆牢；搭架是避免损伤幼苗，支架插入土壤的深度以20cm左右为宜，最深不要超过30cm，否则会影响到根系的正常生长，有时还会捅伤种薯。山药上架时，如果工时允许，可以顺势理蔓，引导茎蔓均匀盘架，避免互相搅团；也可用高架栽培，支架搭立的高度达到 3 ～ 4m，这样可以增加受光面积，加强茎蔓间的通风。

6. 植株调整 一个栽子只留一棵苗，如有数棵苗，应在其蔓长为 7 ～ 8cm 时，选留一条强健的蔓，除去其余的蔓；有的品种侧枝发生过多，应摘除基部的侧蔓，保留上部侧蔓，主要是为避免消耗养分，有利于通风透光；7 月份后零余子大量形成，竞争养分过多，影响地下块根生长，若不想利用应尽早拔出。

【病虫防治】

一、病害

1. 褐斑病 病原为薯蓣株盘孢，属半知菌亚门腔孢纲黑盘孢目柱盘孢属真菌，一般于 7 月中下旬开始发生，8 月危害严重，直至收获均可为害，潮湿、多雨季易发病。主要危害叶片、叶柄，茎蔓也可受害。植株下部叶片首先发病，发病初期叶面病斑呈黄色或黄白色，边缘不明显；病斑不断扩大，并受叶脉所限，呈多角形或不规则形，直径 2 ～ 5mm，边缘不清。后期病斑周缘变褐色，微突出，中心部分呈淡褐色，散生黑色小点，即病原菌分生孢子盘，有时形成暗褐色的边缘；同时在叶面长出无数白色小点，即分生孢子盘上的分生孢子。严重时，病斑汇合，叶片穿孔枯死。

防治方法：实行轮作，避免连作；清洁田园，扫除枯叶残叶，减少越冬菌原；发病初期喷 1 ∶ 1 ∶ 150 波尔多液、50% 代森锰锌 600 倍液或 50% 多菌灵 500 倍液等药剂，每隔 10 ～ 15 天喷 1 次，视病情喷 3 ～ 4 次；发病严重时，喷洒 50% 福美双可湿性粉剂，每亩用量 400g，兑水喷雾。

2. 叶锈病 在 6 ～ 8 月份发病。主要危害叶片，病斑呈黄色、多角形，中心有黑色小粒点散生，后变成红白粉状小点，老斑暗褐色，可穿孔。严重时，在茎部和叶柄也有发生。最后导致全株落叶枯死。

防治方法：与水稻进行 2 年轮作；播种前进行种薯消毒；发病后应立即摘除病叶烧掉病株。

3. 炭疽病 病原为半知菌亚门炭疽菌属胶孢炭疽菌，6 月发生，直至收获可不断为害。温度在 25℃～ 30℃、相对湿度 80% 时，发病严重，主要危叶片、叶柄、茎，其他部位也可受害。发病初期，在叶片上出现略有下陷的褐色小点，不断扩大成黑褐色病斑，中部有不规则的轮纹，上面着生小黑点，即病原菌分生孢子盘。茎基部发病，常造成枯茎、落叶。

防治方法：山药收获后，清洁田园，扫除病株残叶，集中烧毁或沤肥；合理轮作并尽早搭架，以通风降湿；栽植前，芦头及珠芽用 1∶1∶150 波尔多液浸 10 ～ 15min，晒干后栽种，减少种苗带菌，发病前喷一次 1∶1∶150 的波尔多液；发病早期摘除病叶，并选用 50% 多菌灵 500 倍液等药剂防治，每隔 7 天喷 1 次，连续喷 2 ～ 3 次。

4. 斑枯病 病原属半知菌亚门腔孢纲球壳孢目球壳孢科壳针孢属真菌，秋季发生较普遍，苗期危害严重，主要危害叶片。罹病叶片上病斑呈多角形，直径 6 ～ 10mm，中心部褐色，边缘暗褐色，上生无数小黑点，即病原菌分生孢子器。发病严重时，病叶枯死。

防治方法：同山药炭疽病。

5. 根腐线虫病 是由植物寄生线虫—短体线虫侵染所致，主要危害块茎。在块茎中上部，生长期表皮组织先出现圆形或椭圆形褐色的小斑点，后逐渐扩展成不规则形大斑，受害组织初为红褐色，后变为褐色，腐烂。病轻时山药块茎仅表皮呈现褐色坏死斑点，贮藏期条件适宜时病斑继续扩展造成严重腐烂，后期患病组织失水干缩、表皮龟裂，剥离表皮后可见大小不等的凹陷斑。此病不仅严重影响产量和品质，而且影响种苗（山药栽子）贮藏。

防治方法：注意种薯消毒；用 40% 多菌灵 400 倍液浇灌。

二、虫害

1. 山药叶蜂 此为危害山药的一种专食性害虫，5 ～ 6 月成虫开始为害，8 月下旬是第二代幼虫为害的高峰期，10 月陆续入土越冬。主要为害叶片，幼虫密集于山药叶背，蚕食叶片，严重时将叶片全部吃光或仅留下叶柄、叶脉。

防治方法：精耕细作可增加对越冬蛹的破坏率，减轻虫源；合理施肥浇水，勤除草，改变田间小气候，可减轻发生程度；推广高产优质的抗虫品种细毛长山药；在 1 ～ 2 龄盛发期，用 1.8% 阿维菌素乳油 1500 倍液，或 2.5% 溴氰菊酯乳油 2500 倍液等喷施。

2. 甘薯叶甲 属鞘翅目，叶甲科；具有2个不同亚种，甘薯叶甲指名亚种和甘薯叶甲丽鞘亚种；成虫又名甘薯金花虫，幼虫俗称红苕蛀虫、剥皮虫、牛屎虫等。成虫是山药苗期的重要害虫，喜食幼苗顶端嫩叶、嫩茎，被害茎上有条状伤痕；特别在幼苗期，常使植株顶端折断，幼苗枯死；幼虫则啃食地下块茎，将块茎表面吃成深浅不一的弯曲伤痕或蛀食块茎内部，造成弯曲隧道，影响块茎膨大；被害块茎往往变黑发苦，不耐贮藏。

防治方法：利用成虫假死习性，趁其在叶上不太活动时，采用各种器具盛黏土浆、石灰等，承接被击落的成虫；在土地整理施基肥时，用农药伴细土，撒湿土中，消灭土中幼虫；在块茎播种前用50%辛硫磷乳油2000倍液喷雾；黄昏时施药效果较好。

3. 蛴螬 蛴螬为金龟子幼虫，为害块根，使块根变成“牛筋山药”，煮不烂，味变苦。

防治方法：每亩用50%辛硫磷乳剂250g兑20～25kg干细土撒施防治。

射　干

【基原】

本品为鸢尾科植物射干 *Belamcanda chinensis*（L.）DC. 的干燥根茎。

【适宜生境】

射干适应性强，喜阳光充足、温暖、湿润气候，耐寒，耐旱，怕涝。对土壤要求不严，生长于林缘或山坡草地，大部分生于海拔较低的地方，但在海拔 2000 ～ 2200m 的西南山区也可生长，在 -17℃的低温可自然越冬。栽培则宜选用排水良好、肥沃、疏松的中性或微碱性沙质壤土；不宜选择黏性土地，忌低洼积水，土壤湿度过大会导致根状茎腐烂。

【栽种技术】

一、生长习性

射干的种子成熟后，约有 50 天的休眠期。种子在 5℃～ 30℃的温度内均能萌发，最适宜的萌发温度是 15℃～ 25℃。在恒温条件下萌发率略低，环境变温则可以提高种子萌发率。

射干种子属于留土萌发的类型，当年秋播的种子只有极少数发芽，大部分种子在第二年春季开始发芽。胚根露出土后的 2 ～ 3 天形成幼苗，幼苗生长 30 天左右开始在根茎上萌发新芽。当年生射干主茎可以抽成地上茎，至 12 月逐渐枯萎。

二年生射干在 5 月中旬开始抽茎，叶片面积开始逐渐增大；6 月中旬可达 50 ～ 60cm^2，并向生殖生长过渡，开始花序原基分化，花序轴迅速生长；6 月下旬开始开花；7 月中旬至 9 月中旬果实开始成熟，果熟期可持续 1 个月左右。

二、繁育方法

种子收获后，即可用鲜种播种或将鲜种用湿沙贮藏备用。也可选择生长 2 年以上的实生苗，或 1 年以上的根状茎繁殖的无病虫害的植株作为母株，取其地下茎进行育苗移栽。

三、栽种方法

1. 选地整地 宜选地形开阔、地势较高、阳光充足、排水良好、土壤肥沃疏松的中性或微碱性沙质壤土，不宜选黏土过重的土壤、积水池、盐碱地。土地整理时，深耕20cm，整平做畦。每亩施基肥或堆肥2000～3000kg，硫酸钾型复合肥20～25kg，也可用人粪尿、草木灰等农家肥做基肥。

2. 育苗

（1）播种育苗：春播在4月下旬，选择地势较高、排水良好、疏松肥沃的黄土壤地进行育苗。土地整理时做宽1.3m、高20cm的畦，畦沟宽25～30cm；每亩用腐熟农家肥3000kg、复合肥50kg，结合耕地翻入土中，耕平耙细，将种子均匀撒在畦面，覆土5cm，稍加镇压后浇水，约2周后出苗；播种量每亩育苗地10kg，可移栽大田7～8亩。

秋播可在9月下旬至10月上中旬，将种子均匀撒于畦面，覆土2～3cm，然后盖上一层薄稻草或麦秸，用种量为每亩10kg。11月即有12%～20%出苗，次年3月揭去稻草或麦秸，清明至谷雨苗齐；清明前后视苗情长势可进行第一次追肥，每亩施500kg清粪水；谷雨后再施一次清粪水以提苗，平时注意清除田间杂草。

冬播于11月上旬进行，翌春出苗。

（2）根茎育苗：3月中旬返青前，挖取地下根茎，按其自然生长形状劈分，每块根茎保留2～3个根芽和部分须根；稍晾，使伤口愈合；按行距20～30cm开沟，按每段1～2cm的距离将切好的根茎放入沟内，注意芽头向下，覆盖黄沙土，如芽已成绿色，应将芽露出土面，浇水，遮阴，一般15天后即可生根。

3. 移栽定植 苗高10cm左右时可以进行移栽。按行距30cm～35cm开穴，并将腐熟的家畜肥或复合肥施入穴中，趁雨天挖取秧苗移入大田，注意根系不要接触肥料。若久旱无雨，则须适当浇水。

四、田间管理

1. 中耕培土 春季应勤除草和松土。六七月植株封垄前，结合最后一次松土除草，进行培土，以防雨季的风雨袭击，致使植株倒伏而影响生长。

2. 追肥　实生苗移栽后第一年和根茎繁殖当年的射干，在封垄前用穴施法进行追肥。在离植株 10cm 处打穴，每亩用尿素 75kg 施入穴中。第二次追肥在 8 月中旬，因已经封垄，所以直接用尿素趁雨天撒入田间，每亩用尿素 15kg。

移栽后第二年的射干，第一次追肥通常在冬季或者早春施腊肥，每亩可用腐熟油饼 100kg 加复合肥 50kg，结合清除田间枯枝落叶，松开土穴，将腐熟的有机肥施入穴中，并适当培土，这次追肥对促进地下根茎增长很重要，如肥源充裕尚可多施；第二次追肥应在植株封行以后，趁雨天施肥，每亩用尿素 20kg。

移栽后第三年的射干和第二年的射干追肥方法大致相同。

3. 灌溉排水　射干喜干旱、耐严寒，但在出苗期和定苗期需浇水以利于出苗和定苗成活，当幼苗高达 10cm 时就可不浇或少浇水。雨季应注意排田间积水，防止出现烂根现象。此外，北方冬季封冻前要灌一次冻水，以利安全过冬。

4. 打顶摘蕾　移栽后 1 年的射干，会有 80% 以上的植株开花、部分植株结果；用根茎繁殖的植株则会全部开花结果。射干花多，花期长，为减少养分的消耗，使养分更多地集中在地下根状茎中，以提高产量，一般不留种的应在抽薹后及时剪去花薹。

【病虫防治】

一、病害

1. 叶枯病　发病时，叶部先出现黄色斑点，继而叶色发黄，危害严重时，植株枯死。

防治方法：喷洒 2 ～ 3 次多菌灵可湿性粉剂 1000 倍液。

2. 锈病　此为真菌中的一种担子菌引起，常于秋季为害，氮肥过多、连作、积水、植株过密时发病严重，成株发生早，幼苗发生较晚。发病时叶片出现褐色隆起的锈斑，受害植株叶片枯死，严重时可致死亡。

防治方法：在发病初期用 95% 敌锈钠 400 倍液喷洒，每 7 ～ 10 天喷一次，连续喷 2 ～ 3 次，或喷施 25% 粉锈宁 2000 倍液。

3. 根腐病 主要危害根茎，多在雨季发病，发病时根茎腐烂，严重时导致植株死亡。病菌在土壤、残茬中越冬，从植株伤口侵入。连作、高温、高湿时，尤其是在土壤过于潮湿时发病严重。

防治方法：发现病株立即拔除，病穴用石灰水消毒；及时防治地下害虫；做好排水工作；发病初期用50%多菌灵500倍液浇灌病区或用1∶1∶120波尔多液喷雾。

二、虫害

1. 大灰象甲 成虫喜食幼嫩多汁的幼苗，由于群集为害，幼苗一旦受害，便无一幸存。幼虫常沿叶脉咬食叶片，食痕呈半圆形缺刻。

防治方法：防治幼虫用50%辛硫磷乳油每亩200～250g，加水10倍喷于25～30kg细土上拌匀制成毒土，混匀后施于苗眼；在成虫发生盛期于傍晚在树干周围地面撒喷洒50%辛硫磷乳剂300倍液，或2%阿维菌素2000倍液。

2. 钻心虫（环斑蚀叶蛾） 此为鸢尾科药用植物的主要害虫，其幼虫危害幼嫩新叶、叶鞘和茎基部，致使茎叶被咬断，植株枯萎。一年发生1代，5月上旬幼虫在叶鞘内为害心叶及叶鞘，6月中下旬为害茎基部，高龄幼虫钻入地下为害根茎。

防治方法：幼虫孵化期用植物源杀虫剂喷雾防治，可用0.3%苦参碱乳剂800～1000倍液，或1.5%天然除虫菊素1000倍液，或0.3%印楝素500倍液；在幼虫危害期，可用菊酯类（4.5%氯氰菊酯1000倍液、2.5%联苯菊酯乳油2000倍液等），或20%氯虫苯甲酰胺3000倍液等喷雾防治；忌连作。

3. 其他虫害 大绿叶蝉、黄斑草毒蛾等，可用毒饵诱杀，还可采用农业防治和化学防治结合的方法进行综合防治。

升　麻

【基原】

本品为毛茛科植物大三叶升麻 *Cimicifuga heracleifolia* Kom.、兴安升麻 *Cimicifuga dahurica*（Turcz.）Maxim. 或升麻 *Cimicifuga foetida* L. 的干燥根茎。

【适宜生境】

升麻多分布在较为干旱、贫瘠的土壤环境。对土壤要求不严，在各种土壤中均可生长，如含有腐殖质的棕色、棕褐色及黑色土壤，甚至是肥力不强的风化弱性黏质土。升麻多喜较高的光照强度，植株形态多为矮小、瘦弱型。野生资源众多，相关伴生植物也较多，其多生长于阴坡或阳坡的树林边，如落叶松林、针阔混交林、阔叶林、林缘、灌木丛等或沟塘、溪边等环境。对水的要求也不甚严格，年降水量大于 400mm 即可满足生长，但在林下地、沟塘等地长势最好，以蒸发量较小、相对湿润的环境为宜，因降水量不同长势也各不相同。在生长发育期的 55% ～ 65% 多吸收散射光，35% ～ 45% 多吸收直射光，因此对光线要求甚严。

【栽种技术】

一、生长习性

升麻喜温暖湿润气候。耐寒，当年幼苗在 –25℃低温下能安全越冬。幼苗期怕强光直射，开花结果期需要充足光照，怕涝，忌土壤干旱，喜微酸性或中性的腐殖质土，在碱性或重黏土中栽培生长不良。

二、繁育方法

升麻多采用种子繁殖，对温度要求严格，在 18℃～ 22℃之间发芽率最高，可达 80%，低于 12℃或高于 25℃几乎不发芽。其种子不易贮藏，干燥贮存 2 个月，发芽率小于 10%，1 年后多属不发芽种子，自然条件下 16 个月以上几乎不发芽。

三、栽种方法

1. 选地整地 宜选择海拔1000m左右、土层深厚、富含腐殖质的半阴半阳山坡地或排水良好的沙质壤土平地。首先将准备育苗的土地进行翻耕，翻土深度约为15～20cm，因土地表面可能覆盖数量较多、体积较大的石块和杂草，因此制作苗床之前要先清理表面杂物，再将土块打碎，做成床面并耙细、耙平，苗床边缘稍高（高15cm，宽110～120cm）。在肥料选择方面，小苗可不施基肥，大田依据土地的肥沃程度来决定是否施足底肥。

2. 播种 谷雨时开始播种育苗，行距20～25cm，沟深1cm，沟幅略宽，沟底5cm木板压平，施少量底肥如氮肥或撒入过筛后的充分腐熟的厩肥。在此基础上，均匀撒入种子，覆盖土壤（厚度0.5～0.6cm），使其表面均匀。

移栽分为春秋两季，时间为育苗后2年。春栽应提早进行，必须在植株返青前结束；秋栽可在植株枯萎到土壤结冻之间进行。移栽过程如下：清理枯萎枝叶，从一端开始逐渐挖完整个根系，保护眠芽，挑出病根，以种栽的长短粗细为依据分为2～3个等级，其目的是为了移栽过程中能够掌握株行距。

四、田间管理

除草和松土是移栽时的必备工作，与移栽时间无关。为了补充土壤肥力、保证植株正常生长，需要结合不同的生长期、生长年限及部位用途，适当增施有机肥和多元复合肥等肥料，同时施加少量化肥，以收获高产量的优质产品。

此外，升麻多生长于湿润的环境中，需要根据土壤湿度及时补充水分，注意雨季内涝。除防涝外，还应做好防寒工作。

以后每年均要重复田间管理工作，每隔4～5年进行倒茬或更换种植地，同时进行根茎分栽扩大栽植面积。由于光照条件和肥力的改善，人工栽培的升麻开花结果仅需2～3年。作为药材生产应及时去掉花序，以获取优质高产药材。

【病虫防治】

一、病害

1. 灰斑病 主要危害叶片，这种病害主要为病原菌的子实体，表现为叶片呈三层不同的表征，即中心灰白、边缘褐色、两面分部霉状物，且霉状物多呈浅褐色。这种病斑直径大致在 0.2 ～ 0.4mm 范围内，呈圆形或近圆形，病情严重时病斑会连成片状，最终导致叶片枯死。

防治方法：隔绝传染源，不要播种在曾经发生过此病的茬地，选择健壮、无病害的作物；播种前用 65% 的代森锌（1 ∶ 500 稀释）浸泡种子 1 ～ 2h，用 1 ∶ 1 ∶ 120 波尔多液喷洒预防；移栽者采用上述代森锌进行灭菌；将已经患病的作物拔除或销毁；在秋季将田园清扫干净，并且将病残株彻底移除。

2. 立枯病 发病时植株茎基部先受损，而后整个茎逐渐萎缩、变蔫、变黑，最终导致全株死亡。

防治方法：移栽：小苗采用 50% 的福美双（1 ∶ 450 或 1 ∶ 600 倍稀释）浸泡种子 1h 再移植；及时拔除病株，并用 50% 多菌灵 500 倍液或 30% 恶霉灵水剂 1000 倍液进行喷雾。

二、虫害

1. 日本金龟 此虫为升麻的首要虫害，通体呈绿色，伴有褐色花纹。

防治方法：用 50% 辛硫磷乳油 1000 ～ 2000 倍液喷施。

2. 红蜘蛛 主要危害植物的叶、茎、花等，刺吸植物的茎叶，使受害部位水分减少，表现为失绿变白，叶片表面呈现密集苍白的小斑点，卷曲发黄。严重时植株发生黄叶、焦叶、卷叶、落叶和死亡等现象。同时，红蜘蛛还是病毒病的传播介体。

防治方法：用 1.8% 阿维菌素 2000 倍液，或 15%扫螨净 3000 倍液喷雾。

山 楂

【基原】

山楂为蔷薇科植物山里红 *Crataegus pinnatifida* Bge.var.*major* N.E.Br. 或山楂 *Crataegus pinnatifida* Bge. 的干燥成熟果实。

【适宜生境】

山楂对环境有很强的适应性，在年平均温度 6℃～14℃、年降水量 370mm ～ 1000mm、积温 2300℃～ 4000℃、无霜期 140 ～ 200 天的条件下即可栽培，酸性或碱性的山地、平原、丘陵、沙荒地等皆可适应。

【栽种技术】

一、生长习性

山楂具有较强的抗风、抗寒能力，是多年生植物，根系的生长能力比较强，拥有发达的水平根。一般种植第一年为缓苗期，第二年开始进入速长期，全年生长期为 180 ～ 200 天，到第 3 ～ 4 年的时候开始结果，果实从开花至成熟需要 150～160 天。10 年之后会进入盛果期，可以持续 50～60 年。

二、繁育方法

山楂的繁育方法有种子繁殖、分株繁殖和嫁接繁殖 3 种，最常用的是嫁接繁殖。

1. 种子繁殖 可选择在春、夏、秋三个季节进行，首先准备成熟的山楂种子，先要放置在湿润的沙土之中埋藏一年，第二年再把山楂的种子挖出来，将其播种在疏松透气的土壤之中，之后进行浇水施肥、保温光照的管理，1 个月左右的时间，山楂的种子就能够发芽。出苗后加强栽植管理，5～6 年的山楂树就能够开花结果。

2. 分株繁殖 春季将粗 0.5 ～ 1cm 的根切成长 12cm 的根段，扎成捆，用 0.3×10^{-6}～0.5×10^{-6} 的赤霉素浸泡一段时间，捞出放在湿沙中贮存 6～7 天，斜插于苗圃中，稍压实，然后浇水。

3. 嫁接繁殖 春、夏、秋均可进行，种子繁殖的实生苗或分株苗均可作砧木，采用芽接、枝接或靠接，以芽接为主。

三、栽种方法

1. 选地整地 选择壤土或沙壤土，要求地势平坦、土层深厚、灌水方便、排水良好、向阳、肥沃而疏松。育苗地不要连作，以免引起某些矿物质营养的匮乏，以及根腐病、立枯病等病害的发生。一般选择秋季清除田间杂草和石块。深翻细耙，深度为 30cm 以上，这样有利于土壤改良、蓄水保墒和根系生长。春旱地区，秋季翻地效果更好，随翻随耙，可减少水分蒸发，保持冬春季的雨雪。若来不及秋翻，应在春季化冻后春翻，每隔 2m 就要做长 6 ～ 10cm 的育苗床，两边开好排水沟，床埂做好后，施腐熟的堆肥或圈肥在床面上，并与土混匀，每亩施肥 3200 ～ 4000kg。

2. 栽植方法 春、夏两季均可进行。选取健壮的幼苗，按株行距 3m×4m、2m×4m 或 3m×2m 栽植。栽植时，先将栽植坑内挖出的部分表土与肥料拌匀，将另一部分表土填入坑内，边填边踩实。填至近一半时，再把拌有肥料的表土填入。然后将幼苗放在中央，使其根系舒展，继续填入残留的表土，同时将苗木轻轻上提，使根系与土壤密切接触并压实，苗木栽植深度以根茎部分比地面稍高为度，避免由于栽后灌水，苗木下沉造成栽植过深。栽好后，在苗木周围培土埂，浇水，水渗后封土保墒。在春季多风地区，可培土 30cm 高，以免苗木被风吹摇晃使根系透风。

四、田间管理

1. 土壤管理 土壤深翻熟化是增产技术中的基本措施，在夏、秋两个季节进行深翻熟化，同时结合扩穴压入绿肥植物，可以改良土壤，增加土壤的通透性，促进树体生长。此外，也可在春季萌芽前施肥浇水后，将麦草或秸秆粉碎至 10 cm 以下，平铺于树冠下，厚 15 ～ 20cm，连续 3 ～ 4 年后深翻入土，提高土壤肥力和蓄水能力。生长季进行除草 3 ～ 4 次，清除根蘖，减少养分和水分的消耗。浇水一般一年浇 4 次水，灌冻水一般结合秋季施基肥进行，浇透水以利树体安全越冬。早春土壤解冻后萌芽前，结合追肥灌一次透水，以促进肥料的吸收利用。开花后结合追肥浇水，以提高坐果率。果实膨大前期如果干旱少雨要及时灌水，有利于果实增大。

2. 施肥 采果后立即施基肥，基肥以有机肥为主，每亩开沟施有机肥 3000 ～ 4000kg，加施尿素 20kg、过磷酸钙 50kg、土杂肥 500kg。追肥一般采用条沟施肥，在树与树的行间开一条宽 50cm、深 30cm 的沟，将肥料施入沟中，然后覆土。也可在展叶期、花前与花后期、盛果期用 0.3% 尿素和 0.2% 磷酸二氢钾溶液进行根外追肥，以补充树体生长所需的营养，促进开花结果。另外在花期喷洒 50ppm 赤霉素溶液，可防止落花落果，提高坐果率，促进增产。

3. 树形的整形与修剪 树体形状的整形与修剪大致随季节分为冬、夏两季，要根据树体习性的不同，包括生长发育、栽培方式、环境条件等的不同，人为地选择匀称、紧凑、牢固的骨架和尽量合理的结构来对树体进行整形与修剪。

（1）夏季修剪：主要分为拉枝、摘心、抹芽、除芽等。以山楂树为例，山楂树由于其萌芽能力较强，以及落头、疏枝、重回缩等可能会刺激隐藏的萌芽萌发，发展成长枝，不好修剪，此时要及时抹芽、除芽，谨防徒长大枝。而对于生长旺盛并且生长空间充裕的枝干，7 月下旬新梢停止生长后，将生长旺盛的枝干拉平，促进成花，以便增加产量。对于还有生长空间的植物，需每隔 15cm 留 1 个枝，尽量留侧生枝，当徒长枝大于 15cm 时，留 10 ～ 15cm 后摘心，促生分枝，作为结果枝。另外，在辅养枝上进行环剥，宽度为被剥枝条粗度的 1/10。

（2）冬季修剪：植物在冬季因杂枝较多急需修剪。通常内膛枝干较细较弱，枯死率较高，其原因主要是植物外围易分枝，导致外围过于浓密，导致内膛小枝无法正常生长，以及各级树枝中下部逐渐缺乏小枝，内膛光秃。改善措施一般遵循疏、缩、截相结合的原则，力求枝干得到更适宜的改造，枝干更加强壮。疏：去除骨干枝以及外围密生大枝，也包括一些竞争枝、徒长枝、病虫枝等。缩：缩减已经衰弱的主侧枝，适当留一小部分新芽用于更新，以便培育更强壮的枝干。幼树的整形修剪方法：疏散分层形法，通过整形修剪，使骨架牢固，树型张开，树冠紧凑，膛内充实，大、中、小枝疏散错落生长，上下里外均能开花结果的疏散分层形丰产树。结果期：促进枝条的更新，以获得良好的长势。

【病虫防治】

一、病害

1. 白粉病 对幼树危害最重，主要发生在花蕾期和花后期。

防治方法：发病时喷洒甲基托布津 800 ～ 1000 倍液、25% 粉锈宁 600 ～ 700 倍液，并在发芽前喷一次波美 5 度石硫合剂。

2. 轮纹病 主要危害果实，病斑呈近圆形，初为红褐色，后为褐色，逐渐扩展为同心轮纹型病斑，病部果肉软腐，最终导致全果腐烂。枝干上病斑呈近圆形至椭圆形，中部突起，边缘开裂，上生黑色小粒点。

防治方法：花谢后 1 周需要喷 80% 多菌灵 800 倍液，切记 5 月中旬、7 月下旬、8 月中上旬也要各喷 1 次杀菌剂。

3. 白绢病 病菌寄生在山楂树的根茎部位，会产生褐色斑点并逐渐扩大，表面着生一层白色菌丝，很快缠绕根茎，当环周皮腐烂后，全株枯死。

防治方法：注意水肥管理，增强树势，防治日灼与冻害。

二、虫害

1. 桃小食心虫 主要危害果实，一般在山楂树上一年发生 2 代。

防治方法：清洁田园，及时清除烂叶枯枝；在越冬幼虫出土前，按每亩 0.3 ～ 0.5kg 的 75% 辛硫磷乳剂拌成毒土，撒入在树下土中诱杀；6 月中旬在树盘喷 100 ～ 150 倍对硫磷乳油，杀死越冬的食心虫幼虫；7 月初和 8 月中上旬喷 1500 倍对硫磷乳油，消灭食心虫的卵及初入果的幼虫。

2. 山楂粉蝶 主要危害嫩叶，一年发生 1 代，以二至三龄幼虫在卷叶中的虫巢中越冬。

防治方法：将越冬、越夏群居的幼虫巢剪下，集中烧毁；幼虫为害时，向幼虫喷洒 50% 辛硫磷乳剂 1000 倍液或 20% 氯虫苯甲酰胺 3000 倍液等。

3. 蚧壳虫 主要发生在六七月。

防治方法：及时清扫果园落叶和落果；清除病虫枝，集中销毁，减少越冬虫源；发病时喷洒 10% 氯氰菊酯 1600 ～ 2000 倍液。

4. 红蜘蛛、桃蛀螟 主要发生在五六月。

防治方法：彻底清理园区，集中销毁虫枝，减少越冬虫源；也可喷洒蛾螨灵或用 1.8% 阿维菌素 3000 ～ 4000 倍液。

酸枣仁

【基原】

本品为鼠李科植物酸枣 *Ziziphus jujube* Mill. var. *spinosa*（Bunge）Hu ex H.F.Chou 的干燥成熟种子。

【适宜生境】

酸枣适应环境的能力非常强，耐碱，耐寒，耐旱，喜欢生长在植被不甚茂盛的山地和向阳干燥的山坡、丘陵、山谷、平原及路旁，适宜 pH5.5 ～ 8.5、土层深厚、肥沃、排水良好的沙壤土。

【栽种技术】

一、生长习性

酸枣枝条较多，分生长枝、结果母枝和脱落性枝 3 种。2 年开始结果，结果母枝极短，着生于生长枝的永久性二次枝上；脱落性枝由结果母枝下面的副芽抽出，冬季脱落；生长枝特长、粗壮，是增强树势的主体。一般 10 年开始进入盛果期，盛期 10 ～ 30 年，可连续结果 70 ～ 80 年，但结果母枝随年龄增加，抽生脱落性增多。

二、繁育方法

酸枣的繁育方法有种子繁殖和分株繁殖。

1. 种子繁殖　选择生长健壮、连年结果且产量高、无病虫害的优良母株，于 9 ～ 10 月采收成熟的红褐色果实，堆放阴湿处使果肉腐烂，置清水中搓洗出种子，与 3 倍种子量的湿沙混合，在室外向阳干燥处挖坑层积沙藏，或将种子装入木箱内，置室内阴凉湿润处贮藏。第二年春季当种子裂口露白时即可播种。春播于 3 月下旬至 4 月上旬进行，秋播于 10 月下旬进行。按行距 30cm 开沟，深沟约 3cm，将种子均匀撒入沟内，覆土稍镇压，浇水，盖草保温、保湿，10 天左右出苗。齐苗后揭除盖草。培育 1 ～ 2 年，苗高 80cm 左右即可出圃。

2. 分株繁殖 选择优良母株，于冬季或春季植株休眠期，距树干15～20cm挖宽40cm左右的环状沟，深以露水平根为度，将沟内水平根切断。当根蘖苗高30cm左右时，选留壮苗培育，沟内施肥填土，再离根蘖苗30cm远的地方开第二条沟，切断与原植株相连的根，促使根苗自生须根，数天后将沟填平，培育1年即可定值。

三、栽种方法

1. 选地整地 选择沙质土壤，要求土层深厚、肥沃、排水良好、向阳。每亩施1600～2000kg的厩肥，深翻20～25cm，耙平整细，做宽100～130cm的畦。

2. 播种 种子繁殖分春秋两季播种，春播在3月下旬至4月上旬之间，秋播在10月下旬开始。先开出行距为30cm、深3cm的沟，再将种子稀疏、均匀地撒入沟内，覆盖后稍镇压，然后浇水，盖草以保暖，10天左右能够出苗，待齐苗后揭除盖草即可。培育1～2年后，苗高为80cm就可以出圃了。

3. 定植 通过播种或分株培育的幼苗，按照2m×1m的行株距开穴定植，穴深需要30cm，每穴1株，填土踏实，浇水。

四、田间管理

1. 除草 在苗期要及时松土除草，定植后每年只需松土除草2～3次即可。还可以间种豆类、蔬菜等，并结合间作进行松土除草。

2. 追肥 当苗高6～10cm时，每亩需要施10～15kg的硫酸铵或尿素；当苗高30～40cm时，需要在行间开沟，每亩要施1000kg的厩肥和15kg的过磷酸钙，再浇水。4～5年后便进入盛果期，每年秋季进行采果，然后在每株旁都开沟，每株要施50kg土杂肥、2kg过磷酸钙和1kg碳酸氢钠。

3. 修剪 在定植后，干茎粗3cm、高60～80cm时即可定干，然后每年进行逐层修剪，保证整个树体维持在2m左右，3年后即可形成圆形主干层。对于成年树而言，每年冬季都需要及时剪除针刺，剪除重叠枝、交叉枝、密生枝以及直立性的徒长枝，这样便可改善树冠内的透光性，达到提高坐果率的目的。在盛花期，将距地面10cm高的主干环状去掉0.5cm宽的皮，也可以提高坐果率。

【病虫防治】

一、病害

1. 枣锈病 主要危害叶片，当病叶逐渐变成灰绿色时，光泽也逐渐消失，等到出现褐色角斑，叶片就会脱落。

防治方法：在发病初期喷洒农药，如可杀得、农抗 120 等。

2. 枣疯病 容易感染植株，导致植株生长衰退、叶形变小、枝条变细，大多会长成簇生状或者丛枝状，使花盘退化，花瓣变成叶状。

防治方法：及时连根刨除病株；用 5% 的石灰乳浇灌树穴或者喷洒农抗 120。

二、虫害

1. 桃小食心虫 主要是幼虫蛀食果肉，最终造成严重减产。

防治方法：从盛果期开始，在树干周围的地面喷洒西维因粉剂，以消灭越冬出土的幼虫；羽化期可采用性诱芯诱杀雄蛾；产卵期直接在树上喷 10% 氯氰菊酯乳油 1500 倍液，或 2.5% 溴氰菊酯乳油 2000 ～ 3000 倍液。

2. 黄刺蛾幼虫 表现为咬食叶片，严重时可吃光全部叶片。

防治方法：在修剪清园之时，集中消灭越冬茧；可用 5% 高效氯氰菊酯 1500 倍液、生物农药苏云金杆菌制剂 100 亿孢子 / 每克菌粉，或用 BT 乳剂 500 ～ 600 倍液等喷杀幼虫。

桃 仁

【基原】

本品为蔷薇科植物桃 *Prunus persica*（L.）Batsch 或山桃 *Prunus davidiana*（Carr.）Franch. 的干燥成熟种子。

【适宜生境】

适合生长在海拔 800 ～ 1200m 的山坡、山谷沟底、荒野树林或灌木丛中，喜温，但在半阴处也能生长，耐寒，耐旱。对土壤要求不严，贫瘠地、荒山均可种植，但最适宜肥沃高燥的沙质壤土。

【栽种技术】

一、生长习性

幼树生长快，早丰产，耐修剪，但寿命短，栽种时要密植。一般桃树栽植后第三年结果，第五年丰产。

二、繁育方法

一般于 11 月下旬，选干燥处，挖 0.7m 深、0.6m 宽的沙藏沟，沟的长度视种子多少而定。先在底部铺 10cm 厚的湿沙，上面放混沙种子 10 ～ 15cm，然后铺上湿沙 10cm，再放上混沙种子 10 ～ 15cm，再盖上湿沙 10cm，上面盖上土，使种子处于冻层之下，温度以 0℃～ 7℃为宜。种子少时，也可将湿沙放入地窖内沙藏，需要 100 ～ 110 天，3 月初将沙藏种子放在温度为 20℃～ 25℃的地方，保持湿度以催芽，待种子露白时即可播种。

三、栽种方法

1. 选地整地 桃树适宜在土层深厚、疏松、排水透气性能好、富含有机质的土壤中种植，所以宜选择平地、山区栽种，要求排水良好、地下水位低、光照充足。切忌连作，不能选择重茬地。

育苗地应清除杂草，深翻土地，整平耙细，施足基肥，四周开好排水沟。定植地开挖定植沟（穴），定植沟沿行向开挖，宽 80cm、深 80cm，定植穴长100cm、宽90cm、深80cm。桃树定植的行向以南北向为佳，这样受日光照射时间长，树与树之间遮光最少。挖定植沟（穴）时应把表土与心土分开堆放。然后施厩肥、人畜粪肥等基肥，一般每穴至少要施50kg以上。

2. 繁殖 移栽定植要选优质苗，要求根系发达、地上部粗壮、苗高40cm以上、芽眼饱满、接口愈合良好、无病虫害，栽时使其根系舒展，和四周的树对齐，用堆在旁边的混合好的肥土栽树，边堆土边稍稍提树苗，使根际的土结实，栽完一行后把剩余的心土打碎填到畦面上，使畦面略显脊形，然后浇透水。由于定植后土质较疏松，浇水后苗会下沉，可以将苗及时向上提起，以保证接口在地面5cm以上。苗栽后到次年春天应及时检查成活率，发现死亡及时补栽，以保证园内苗情整齐不缺株。

四、田间管理

1. 深耕改土 此为目前采用最多、最容易的办法。秋季采果后全园深耕50cm左右，并结合施基肥，以改良表土以下土层的土壤结构，增加孔隙度，增强透气保水能力，有利于微生物活动，促进土壤的有机质化，进而起到扩大根系吸收面积、增强根系吸收能力的作用。采果后立即深翻，然后种上植株矮小、吸肥水弱的作物（如豌豆等）；或深翻时施绿肥，对改良土壤结构、全面提高土壤养分、提高有机质含量有明显作用。

2. 施肥 秋季落叶后，结合深耕施足腐熟的人畜粪肥、各种饼肥等有机肥。分别在萌芽期、开花前后、果实膨大期追肥。萌芽至开花前以氮为主，如尿素；开花期前后氮、磷、钾肥结合使用，如三元复合肥；果实膨大期以磷、钾肥为主，如磷酸二氢钾；叶面追肥的浓度应在0.3%～0.5%范围内。

3. 水分管理 桃树耐旱，生长期间一般很少灌溉，但遇到特殊干旱年份必须及时灌水，以避免枝叶出现萎蔫现象。新梢速长时、幼果期及果实膨大期需大量水分，春、夏、秋季干旱时要及时灌水。此外，桃树怕涝，雨季要做好排水工作。

4. 整形修剪

（1）幼龄树（1～4年）的整形：修剪幼龄树主要是整形，培养骨架，扩大树冠，培养结果枝组，使其早日开花结果。主枝选好后选侧枝，在侧枝上培养结果枝组（主枝上可以培养小型的、临时的结果枝组），其他枝轻剪长放，通过夏季修剪使其早日成花；充分利用二次枝扩大树冠，充实内膛，多培养临时或小型的结果枝组，以获早期高产；对已成花的长结果枝轻度短截留芽 10 ～ 12 个，但对主侧枝、延长枝应根据树形需要和生长势情况适当短截，剪去 1/3 ～ 1/2；作为大型枝组培养的骨干枝，应采取先短截后长放的办法进行培养。

幼龄树生长势强，生长量大。修剪时首先要分出哪些是骨干枝（包括主、侧枝及大枝组），这些枝是树体的基本骨架，既要保持一定的生长势，又要防止过旺生长，同时还要平衡各骨干枝之间的生长强度，以便树冠均衡扩大、健康生长。对骨干枝以外的枝，一部分作辅养枝，另一部分作临时的结果枝，并注意控制、疏除少数过旺的枝。

（2）成龄树（5 ～ 15 年）的整形：修剪调整生长与结果的关系，注意骨干枝、结果枝组的回缩更新，避免结果部位过快外移，从而尽可能延长盛果期持续的时间。进入盛果期的桃树，树势逐步缓和下来，树体结构已基本形成，并定形。枝条开张，生长与结果的矛盾激化，内膛及下部的枯枝变多，结果部位逐渐外移，骨干枝从属关系明确，各种枝组配套齐备，及时回缩更新主枝、侧枝以及结果枝组，以及膛枝长放与短截结合，防止内膛空虚、结果部位外移。到盛果末期要注意视高枝条角度，复壮树势。

【病虫防治】

一、病害

1. 桃缩叶病 主要危害叶片，病情严重时也会危害新梢和幼果。4 ～ 5 月是病害盛发期，当气温达到 21℃时，病害即停止发展。病菌在芽鳞或树皮上越冬，早春展叶后侵入叶片，感病叶片肥厚，叶面凹凸不平，叶缘反卷，呈畸形，叶片红褐色。

防治方法：清除病原；发芽前喷波美 5 度石硫合剂，早春花瓣刚露红时喷波美 3 度石硫合剂或 1∶1∶100 波尔多液；发病初期及时摘除病虫，集中烧掉。

2. 褐腐病 主要危害桃树的花、叶、枝和果实，其中果实受害最重，果实从幼果期到成熟期均可被感染。果实受害后，先发生褐色小斑，逐渐扩大，使果实变褐色软腐状，表面有灰褐色丝绒状颗粒，呈同心圆状逐渐向外扩展，果实腐烂后脱落，但也可因水分蒸发快而干缩成僵果，久悬于枝上不落。

防治方法：彻底清除越冬病原，进行深翻，降低病源基数；春季萌芽前喷5度石硫合剂，落花后几天喷75%代森锌可湿性粉剂500倍液或70%甲基托布津800～1000倍液，每隔15天喷一次。

3. 桃炭疽病 主要危害果实，也可危害叶片和新梢，阴湿多雨时发病较重，5月为发病盛期。幼果被感染后变成僵桃，果实膨大后从水渍状病斑扩大成圆形、红褐色凹陷病斑。

防治方法：清除越冬病原；早春喷波美4～5度石硫合剂和托布津、多菌灵等；发芽后喷65%代森锌50倍液。

4. 桃流胶病 主要危害枝干，6～8月为发病盛期。病菌于春季侵入，染病的枝干部分分泌出透明的树胶，继而转化为茶褐色胶块，导致树势衰弱，甚至死亡。

防治方法：加强桃园管理，增强树势，忌连作，冬春季树干涂白，预防冻害和日灼伤；防治树干病虫害，预防病虫伤，及早防治桃树上的害虫如介壳虫、蚜虫、天牛等；刮除胶状体，涂上石硫剂渣或凡士林加少量多菌灵调匀后作为保护剂；4月下旬至6月下旬喷50%多菌灵800倍液。

5. 桃腐烂病 主要危害主干和主枝，使树皮腐烂，导致枝干枯死。病菌在树干病部越冬。初期病部稍凹陷，出现少量流胶，继而流胶增多，胶点下病皮组织腐烂，病斑湿润、黄褐色、有酒精味，后期病部干缩凹陷，密生黑色小粒点，当病斑环绕树干1周时，树很快死亡。

防治方法：加强肥水管理，增强树势；萌芽前喷5度石硫合剂加0.3%五氯酚钠，生长期用50倍的50%甲基托布津粉剂喷树干。

二、虫害

1. 桃蛀螟 主要危害果实。在南方桃区危害十分严重，一般一年发生4代左右，成虫于5月下旬盛发，在果实表面（果实洞部、两果相靠处、果叶接触处较多）产卵，经1周左右孵化，幼虫钻入果肉，导致果实脱落，幼虫经2～3周后老熟，后移至树皮裂缝中化蛹。

防治方法：清除越冬寄主，减少越冬虫卵；定果后及时套袋；加强虫卵检查，产卵盛期喷施 5% 高效氯氰菊酯 2000 倍液。

2. 蚜虫 蚜虫分为粉蚜和桃蚜。粉蚜为害时在叶背面布满白粉；桃蚜为害使叶片向背面反卷。蚜虫对桃树危害很大，它从嫩叶出现就开始为害，严重时全树叶皱曲，新梢生长缓慢，对坐果及树体正常生长都有显著的破坏作用。5 月上旬虫口数最高，气温上升到 35℃以上时，虫口明显减少。

防治方法：剪除被害严重的枝梢；花落、叶片没卷曲前喷施 10% 吡虫啉可湿性粉剂 2000 ～ 3000 倍液。

3. 红景天牛 主要危害主干。

防治方法：6 ～ 7 月捕捉成虫，把虫道口找出来，挖尽四周的枯皮和虫粪，然后用棉花球浸 50% 辛硫磷乳油原液塞入虫道，再用湿土封闭虫道口，毒杀进入木质部的幼虫。

4. 刺蛾 分为褐刺蛾、青刺蛾和扁刺蛾 3 种，主要危害叶片，危害严重时可把全树叶片吃光，第 1 代幼虫 6 月上旬至 7 月中旬发生并危害叶片，约相隔 1 个月左右第 2 代幼虫再次发生危害。

防治方法：冬季结合修剪、耕翻和涂白，清除附在树干上的茧、捡掉土里挖出的茧；在幼虫盛发期可喷 50% 辛硫磷乳油 1000 ～ 1500 倍液，或 5% 高效氯氰菊酯 1500 倍液。

葶苈子

【基原】

本品为十字花科植物独行菜 *Lepidium apetalum* Willd. 或播娘蒿 *Descuminia sophia*（L.）Webb. ex Prantl. 的干燥成熟种子。

【适宜生境】

一般生长在海拔 500 ～ 2000m 的山坡、山沟和路旁，喜欢温暖、湿润、阳光充足的环境，适宜栽培在土壤肥沃、疏松以及排水良好的坡地。

【栽种技术】

一、生长习性

一年或二年生草本，高 5 ～ 30cm，适应能力较强，对土壤、气温、天气、阳光等要求不严。

二、繁育方法

种子繁殖一般在秋分前后播种，最迟不要超过寒露，在 10℃～ 15℃条件下，不超过 24h 就能发芽。播种过迟，则当年生长发育期短，第二年植株还未充分发育就抽薹开花，生长期短、产量低。

三、栽种方法

1. 土地整理 耕翻土地不宜过深，畦面一定要整平、耙细，以防种子漏入深处，出苗早晚不一致，畦宽 1.2m，以方便采收为宜。

2. 播种 直播、条播或撒播均可，每亩用 1.6 ～ 2kg 种子。种子细小具有黏性，浸种后，多黏结成团，应用少量细沙或火灰进行拌合搓揉，使种子分开，才能播种均匀。将种子搓散后，按每亩 0.25 ～ 0.3kg 种子加 200kg 火灰，反复拌匀，用筛子筛过，加入人畜粪尿 50kg 拌湿，成为种子灰。播种后覆细土，稍加镇压，浇小量水。

四、田间管理

生长期较短，一般不用追肥。但要注意的是及时去除田间杂草，保持土壤湿润，以小水勤浇为原则。

【病虫防治】

病害

菌核病　一般在三四月发生，发病后植株生长缓慢，开花结实少，严重者死亡，传染迅速，必须及早防治。

防治方法：与十字花科植物、白芍等轮作；经常注意排水和合理施肥；发病后随时拔出病株烧毁，并在株外撒石灰消毒或用菌核利、甲基托布津、氯硝胺等。

菟丝子

【基原】

本品为旋花科植物南方菟丝子 *Cuscuta australis* R.Br. 或菟丝子 *Cuscuta chinensis* Lam. 的干燥成熟种子。

【适宜生境】

菟丝子适应性较强，喜欢高温、湿润的环境，对土壤要求不严，在平原、荒地等均能生长，但是疏松、肥沃、排水良好的沙壤土为最佳。

【栽种技术】

一、生长习性

本品为一年生寄生植物，苗期对温度和水分敏感，高温、高湿有利于其生长。26℃～29℃为最佳发芽温度，低于15℃则不发芽，40℃以上生长速度较缓慢。发芽需要足够的湿度，多寄生于豆科、菊科、藜科等草本植物上，属寄生为害甚大。

二、繁育方法

可用种子繁殖和茎无性繁殖两种方法。蒴果成熟期为8～10月，当蒴果将要成熟、尚未裂盖前，及时采集果实，然后晒干、脱粒，将种子装入布袋，放于阴凉干燥处或悬挂于屋檐底下，必须经受冬季的低温阶段，到第二年播种后才能正常萌芽生长。

三、栽种方法

1. 选地整地 对土壤的要求不严，但是疏松、肥沃、排水良好的沙壤土为最佳，这样有利于种子出苗、生长健壮。前作收获后，深翻耕土地，施足底肥。播前再浅耕1遍，整平耙细，做1.3m的高畦或高垄，播时先灌水湿润畦面，使土壤干湿适中。

2. 播种

（1）种子繁殖：多在于6月中下旬，先播大豆，后播菟丝子，与大豆混播。在整好的畦面上，按行距30cm先开沟条播大豆（或其他豆类植物），用豆种量比常规大豆播种约多1倍。播种后约15天，待大豆株高20～25cm时，即可播种。切勿早播，否则出苗后，找不到寄主植物就要枯死。播种前对寄主进行除草，播种时在大豆苗株旁顺畦开沟，将菟丝子种子与细沙混拌均匀，然后均匀撒入沟内，覆盖细肥土，以不见种子为宜，稍压实。播后保持土壤湿润，7天左右即可出苗。

（2）无性繁殖：指挖取其寄主移入地内或选择阴天采其茎散布于寄主上，每平方米有10余条即可。

四、田间管理

1. 除草 中耕宜浅，避免伤根，生长期杂草要除净，避免造成品种混杂，随着其蔓延缠绕，以后可减少除草次数或不除草，实际上菟丝子本身就是一种杂草，但生命力极强，不会造成草荒，也不必使用除草剂。

2. 浇水 天气干旱时，要经常浇水，保持土壤湿润。雨季要注意排水，降低田间湿度，防治病虫害发生。

3. 施肥 结合松土除草，做好施肥工作，可施入人畜粪液或氮肥、磷肥、钾肥，每亩施15kg氮肥，20～30kg磷肥，10～15kg钾肥，肥沃的地块少施基肥，兼顾寄主和菟丝子，才能获得菟丝子的丰产。

此外，播前要加强寄主的田间管理工作，做好间苗、追肥、浇水，促使寄主迅速生长。菟丝子的蔓延很快，寄主因损耗大量的水分和养料，生长变缓或停止。因此，要控制菟丝子的过旺生长，防止寄主过早衰亡。寄主被菟丝子寄生后，抗病力降低，易发生病害，对品质有较大的影响，要根据病情及时防治。

【病虫防治】

1. 豆类虫害 适应性强，较少病虫害发生，生长期间主要是防治豆荚螟和豆蛇潜蝇等豆类虫害。

防治方法：用0.36%苦参碱可湿性粉剂1000倍液，或20%氯虫苯甲酰胺 3000 倍液喷雾，视情况喷施 2 ～ 3 次。

2. 立枯病 立枯病又称“死苗”，病原为立枯丝核菌，属半知菌亚门。多发生在育苗的中后期。主要危害幼苗茎基部或地下根部，初为椭圆形或不规则暗褐色病斑。病苗早期白天萎蔫，夜间恢复，病部逐渐凹陷、缢缩，有的渐变为黑褐色，当病斑扩大绕茎 1 周时干枯死亡，但不倒伏。

3. 防治方法 采用轮作方法；用特立克进行种子消毒和土壤消毒预防；8 月中旬用 10% 吡虫啉可湿性粉剂 2000 ～ 3000 倍液等防治蚜虫。

五味子

【基原】

本品为木兰科植物五味子 *Schisandra chinensis*（Turcz.）Baill. 的干燥成熟果实。

【适宜生境】

五味子的适宜地区分布于辽宁的本溪、恒仁、海城、凤城、宽甸、抚顺等地，吉林的桦甸、蛟河、敦化、按图等地，黑龙江的七台河、五常、尚志等地，山西的忻州、晋城、榆次等地，内蒙古的牙克石，河北的围场、平泉、宽城、隆化等地，其中以东北大、小兴安岭和长白山地区最为适宜。

【栽种技术】

一、生长习性

五味子喜欢低温、湿润的环境，种子的胚具有后熟性，种皮坚硬，光滑有油层，不易透水，需要进行低温沙藏处理。但种子空瘪率很高，因此发芽率较低。

二、繁育方法

野生五味子除了种子繁殖外，主要靠地下横走茎繁殖。生产上多采用种子进行繁殖，亦可用压条、扦插繁殖和根茎繁殖，但生根困难，成活率低。

1. 种子繁殖　五味子的种子最好在 8 ～ 9 月收获期间进行穗选，选留颗粒大、均匀一致的果穗作种用，单独晒干保管，放通风干燥处贮藏。种子处理分为室外处理和室内处理两种。

（1）室外处理：秋季将作种用的果实，用清水浸泡至果肉胀起时搓去果肉，同时可将浮在水面的瘪粒除去，把搓去果肉的种子用清水浸泡 5 ～ 7 天，使种子充分吸水，每 2 天换 1 次水，浸泡后，捞出种子晾干，并与多于种子 2 ～ 3 倍的湿沙混匀，放入已准备好的 0.5m 深的坑中，坑的大小根据种子的数量而定，上面盖 12 ～ 15cm 的细沙，再盖上柴草或草帘子，进行低温处理，翌年 4 ～ 5 月便能裂口播种。处理场地要选择地势高、干燥的地点，以免水浸烂种。

（2）室内处理：2 ～ 3 月，将湿沙低温处理的种子移入室内，装入木箱中进行沙藏处理，温度要求为 5℃～ 15℃，当春季种子裂口即可播种。

2. 扦插繁殖 于早春萌动前，剪取坚实健壮的枝条，截成 12 ～ 15cm 的长段，截口要平，下端用 100ppm 萘乙酸处理 30min，稍晾干，斜插于苗床，行距 12cm，株距 6cm，斜插入的深度为插条的 2/3，床面盖蓝色塑料薄膜，经常浇水；也可在温室用电热控温苗床扦插，床面盖蓝色塑料薄膜和花帘，调温、遮光，要求温度为 20℃～ 25℃、湿度为 90%、遮蔽度为 60% ～ 70%，生根率在 40% ～ 85%，第二年春季定植。

3. 根茎繁殖 于早春萌动前，刨出母株周围的横走根茎，栽成 6 ～ 10cm 的小段，每段上要有 1 ～ 2 个芽，按 12 ～ 15cm 的行距、10 ～ 12cm 的株距栽于苗床上，翌春萌动前定植于大田。

三、栽种方法

1. 选地整地 选择潮湿的环境、疏松肥沃的壤土或腐殖质土壤，有灌溉条件的林下、河谷、溪流两岸、15°左右的山坡，荫蔽度 50% ～ 60%，透风透光的地方。每亩施 2000 ～ 3000kg 基肥，深翻 20 ～ 25cm，整平耙细，育苗地做宽 1.2m、高 15cm、长 10 ～ 20cm 的高畦。移植地穴栽。

2. 播种 生产上主要以种子繁殖为主，要求做好育苗。

（1）播种时间和方法：一般在 5 月上旬至 6 月中旬进行种子播种，方式为条播或撒播。条播行距 10cm，覆土 1 ～ 3cm，每平方米用 30g 种子；也可于 8 月上旬至 9 月上旬播种当年鲜籽，即选择当年成熟度一致、粒大而饱满的果粒，搓去果肉，用清水漂洗一下，晾干即可播种。

（2）苗期管理：播后搭高为 1 ～ 1.5m 的棚架，上面用草帘或苇帘等遮阴，土壤干旱时浇水，保证土壤湿度在 30% ～ 40%，待小苗长出 2 ～ 3 片真叶时可逐渐撤掉遮阴帘，并要经常除草松土，保持畦面无杂草，翌年春季或秋季可移栽定植。

移栽在选好的地上，于 4 月下旬或 5 月上旬移栽，也可在秋季叶发黄时移栽。按行株距 120cm×50cm 进行穴栽，为使行株距均匀可拉绳固定。在穴的位置上做一标志。然后挖成深 30 ～ 35cm、直径 30cm 的穴，每穴栽 1 株，栽时要使根系舒展，防止窝根与倒根，覆土至原根系入土深稍高一点即可。栽后踏实，灌足水，待水渗完后用土封穴。15 天后进行查苗，未成活者补苗。秋栽后在第二年春返青时查苗补苗。

四、田间管理

1. 松土除草 移栽后应经常松土除草，否则易与五味子争夺养分，结合除草可进行培土，并做好树盘，便于灌水。

2. 灌溉排水 五味子喜欢湿润的气候，要经常灌水，尤其是开花结果前更要保证水分的供给，越冬前灌一次水有利越冬，但雨季注意及时排除积水。

3. 施肥 五味子喜肥，孕蕾开花结果期除了供给足够水分外，还需要大量肥料，一般一年追 2 次，第一次是展叶前，第二次则在开花前。每株追腐熟农家肥 6 ～ 10kg，距离根部 35 ～ 50cm，周围开环状沟，深 15 ～ 20cm，勿伤根，施后覆土；第二次追肥，适当增加磷、钾肥，促使果成熟。

4. 搭架 移植后第二年应搭架，可选用木杆或水泥柱，1.5 ～ 2m 立一根。用 8 号铁线在立柱上部拉一横线，每一主蔓处斜立一根直径为 1.5 ～ 2cm、高为 2.5 ～ 3m 的竹竿，用绑绳固定在横线上，然后按右旋引蔓上架，开始可用绳绑，之后可自然缠绕上架。

5. 剪枝 主要分为 3 种：春剪、夏剪和剪基。

（1）春剪：一般在枝条萌发前进行，剪掉过密果枝和枯枝以保证枝条疏密。

（2）夏剪：6 月中旬至 7 月中旬进行，剪掉茎生枝、膛枝、重叠枝、病虫细软枝等，同时也应疏剪过密的新生枝。

（3）剪基：落叶后进行剪基生枝 3 次，但要注意留 2 ～ 3 个营养枝作主枝并引蔓，同时在基部做好树盘，便于灌水。

【病虫防治】

一、病害

1. 根腐病 病害来源于真菌中的一种半知菌，每年 7 ～ 8 月发病，开始时叶片慢慢萎蔫，根部与地面交接处逐渐变黑、腐烂，根皮脱落，几天后整株死亡。

防治方法：选择排水良好的土壤种植；雨季及时排除田间积水；发病期浇灌 50% 的多菌灵 600 ～ 1000 倍液于根际。

2. 叶枯病 从叶尖或边缘开始发病，最终会导致果穗脱落。

防治方法：加强田间管理，注意通风透光，保持土壤疏松、无杂草；发病初期用 1 ∶ 1 ∶ 100 倍波尔多液喷雾，7 天喷一次，连续喷数次。

二、虫害

卷叶虫 主要以幼虫为害，造成卷叶，影响果实生长甚至脱落。

防治方法：喷洒 50% 辛硫磷 1500 倍液，或 20% 氯虫苯甲酰胺 3000 倍液。

益母草

【基原】

本品为唇形科植物益母草 *Leonurus japonicus* Houtt. 的新鲜或干燥地上部分。

【适宜生境】

益母草生于海拔 1000m 以下的石质山坡、沙质草地或松林等地区，喜欢潮湿的生长环境，适应性较强，对土壤要求不严，但以肥沃、疏松、排水良好的沙质壤土栽培为宜。

【栽种技术】

一、生长习性

益母草为喜光植物，在阳光充足的条件下生长良好，也较耐阴，但花期必须有一定的光照和温暖条件，籽粒才能发育良好，种子在 10℃以上才能正常发芽。益母草的生长温度以 22℃～23℃为宜，高于 35℃植株仍生长良好，但低于 15℃生长缓慢，低于 0℃植株会受冻害。喜温暖湿润气候，忌积水，怕涝。益母草必须经过冬季的低温催化作用才能抽薹开花，春季播种当年不抽薹。个别植株春天播种，当年可能会抽薹开花。

二、繁育方法

益母草采用种子进行繁殖，选当年新鲜、发芽率 80% 以上的种子。穴播者每亩用 400 ～ 450g 种子，条播者每亩用 500 ～ 600g 种子。益母草分早熟益母草和冬性益母草，一般均采用种子繁殖，直播种植、育苗移栽者亦有，但产量较低，仅为直播的 60%，故多不采用。

三、栽种方法

1. 土地整理 播种前整理土地，每亩施 1600 ～ 2000kg 的堆肥或腐熟厩肥作底肥，施后耕翻，耙细整平。条播者开 1.3m 宽的高畦，穴播者可不整畦，但均要根据地势，因地制宜地开好大小排水沟。

2. 播种 早熟益母草春、夏、秋三季皆可播种，而冬性益母草则必须秋播。春播在雨水至惊蛰期间（2 月下旬至 3 月上旬）最佳；北方为利用夏季休闲地种植，采用夏播，在芒种收麦以后种植，产量不高；低温地区多采取秋播，选择在秋分至寒露期间（9 月下旬至 10 月上旬）的湿润土壤中进行。秋播播种期的选择，直接关系到产品的产量和质量。过早，易受蚜虫侵害；过迟，则受气温低和土壤干燥等影响，当年不能发芽，翌年春分至清明才能发芽，且发芽不整齐，多不能抽薹开花。播种分条播、穴播和撒播。

平原地区多采用条播，坡地多采用穴播，撒播管理不方便，多不采用。播种前，将种子混入火灰或细土杂肥，再用人畜粪尿拌种，湿度以能散开为度，一般每亩用火灰或土杂肥 250 ～ 300kg、人畜粪尿 35 ～ 40kg。

条播者，在畦内开横沟，沟距约 25cm，播幅 10cm 左右，深 4 ～ 7cm，沟底要平，播前在沟中施人畜粪尿 2600～3000kg，然后将种子灰均匀撒入，不必盖土。

穴播者，按穴行距各约 25cm 开穴，穴直径 10cm 左右，深 3 ～ 7cm，穴底要平，先在每亩穴内施 1000 ～ 1200kg 人畜粪尿后，再均匀撒入种子灰，不必盖土。

四、田间管理

1. 间苗补苗 当苗高 5cm 时开始间苗，以后陆续进行 2 ～ 3 次，当苗高 16 ～ 20cm 时定苗。条播者采取错株留株，株距在 10cm 左右；穴播者每穴留苗 2 ～ 3 株。间苗时发现缺苗，要及时移栽补植。

2. 除草 春播者，除草 3 次，分别在苗高 5cm、15cm、30cm 左右时进行；夏播者，按植株生长情况适时进行；秋播者，在当年幼苗长出 3 ～ 4 片真叶时进行第一次除草，翌年再除草 3 次，方法与春播相同。除草时，耕播不要过深，以免伤根；幼苗期中耕，要保护好幼苗，防止被土块压迫，更不可碰伤苗茎；最后一次中耕后，要培土生根。

3. 追肥浇水 每次除草后，要追肥 1 次，以施氮肥为佳，用尿素、硫酸铵、饼肥或人畜粪尿均可，追肥时要注意浇水，切记肥料过浓，以免伤苗。尤其是在施饼肥时，打碎后，用水腐熟透，加水稀释后再施用。雨季雨水集中时要防止积水，注意适时排水。

【病虫防治】

一、病害

1. 白粉病 春末夏初时易出现，主要危害叶及茎部，叶片变黄退绿，生有白色粉状物，重者可致叶片枯萎。

防治方法：喷洒可湿性甲基托布津 50% 粉剂 1000 ～ 1200 倍液，连续喷洒 2 ～ 4 次，特别注意应早期动手，发生初期要防治 1 次，病发中期连续喷洒 2 ～ 3 次。

2. 锈病 清明至芒种期间（4 ～ 5 月份）为病发期，主要危害叶片。发病后，叶背出现赤褐色突起，叶面生有黄色斑点，导致全叶卷缩枯萎脱落。

防治方法：发病初期用 300 ～ 400 倍敌锈钠液或 0.2 ～ 0.3 波美度石硫合剂喷洒，以后每隔 7 ～ 10 天喷 1 次，喷 2 ～ 3 次。

3. 菌核病 菌核病对益母草危害最严重，整个生长期内均会发生。春播者在谷雨至立夏期间、秋播者在霜降至立冬期间病害发生严重，主要原因是雨水量大、气候比较潮湿。染病后其基部出现白色斑点，继而皮层腐烂，病部有白色丝绢状菌丝。幼苗染病时，患部腐烂死亡。若在抽茎期染病，表皮脱落，内部呈纤维状直至植株死亡。

防治方法：在选地时就应该坚持水旱地轮作，最好与禾本作物轮作；在发现病毒侵蚀时，及时铲除病株，并撒生石灰粉，同时喷洒 600 倍 65% 代森锰锌可湿性粉剂或 1 ∶ 1 ∶ 300 的波尔多液。

二、虫害

1. 蚜虫 蚜虫为害较为严重，常致其萎缩死亡。

防治方法：一是适时避开害虫生长期播种，减轻蚜虫危害；二是发生后，喷杀烟草石灰水 1 ∶ 1 ∶ 10 溶液或 10% 吡虫啉可湿性粉剂 2000 ～ 3000 倍液。

2. 地老虎 地老虎危害幼苗，是造成缺苗、短苗的主要根源。

防治方法：可以采取堆草诱杀、早晨捕杀和毒饵毒杀三种方法。

远　志

【基原】

本品为远志科植物远志 *Polygala tenuifolia* Willd. 或卵叶远志 *Polygala sibirica* L. 的干燥根。

【适宜生境】

远志或卵叶远志最适宜生长的海拔大致在 350 ～ 700m 之间，此植物最适合的气温大约需高于 22℃。最适合的土壤包括沙质壤土和壤土，这类土壤排水较好，最不适合积水量较多的土壤，且以酸碱度中性为宜。远志比较喜欢冷凉的气候，不喜高温干燥的环境，比较耐干旱。

【栽种技术】

一、生长习性

远志的播种时间一般在 6 ～ 8 月。此时的远志刚刚出苗，具有 2 片子叶，子叶贴地生长，大致 1 个月，2 片子叶间逐渐抽出真叶，继而逐渐生长，不断分枝，11 月份左右地上部分枯死。常以一年生的种子进行繁殖，是因为一年生的植株种子发芽率最高。第二年 3 月远志开始返青，5 月份开始开花，花期较长，然而后期开的花种子不能成熟。

二、繁育方法

远志多采用种子繁殖。留种方式多采用大棚遮雨留种，这种方法可以保证种子自然成熟脱落后，以便用机械吸取种子，同时去除种子中混有的杂质和瘪子，然后晒干种子。最早成熟在 6 月上旬，最晚在 8 月下旬。

三、栽种方法

1. 选地整地　首先要选向阳、地势偏高的土地，土壤需要排水性好的土壤，多为沙质壤土，并且需要选择酸碱度比较适中的土壤，切忌碱性土壤。土壤团粒结构适中，有机质含量在 1% ～ 3%。要求耕作层深 50cm，土壤重金属和农药残留符合要求。底肥配方如下：每亩施入 4000kg 无污染的家畜腐熟肥、贮青肥或秸秆堆肥 500kg，高效生物有机复合肥 80kg。并且在选地时，土壤要深翻 50 ～ 60cm，耙平作畦，畦宽 150 ～ 200cm，畦高 25cm，沟宽 30cm，畦背呈龟背形，沟要畅通，利于排水。

2. 选种 经提纯复壮的细叶远志为良种，种子采用一年生种子，要求颗粒饱满、颜色一致（黑棕色），无霉变、无杂质、无虫蛀，千粒重 3.0kg 左右，发芽率＞ 80%，含水量＜ 10%，种子纯度≥ 95%，净度≥ 92%。

3. 播种 一般选择在 7 ～ 8 月小麦收后进行播种，如当地无灌溉条件，只能在每年 7 ～ 8 月雨季利用土壤的墒情播种，可以提高出苗率和保苗率。另外，还要注意温度的影响，由于远志的发芽适宜温度为 20℃以上，因此夏季是播种出苗的最佳时节。播种时应注意：播种前在畦上开浅沟，宽 7 ～ 10cm，行距在 21 ～ 25cm 之间。然后在沟内播种，一般采用自制的滚筒播种器。播种覆盖厚度为 1 ～ 2cm 的少量麦糠、锯末或碎麦秸，为了不影响幼苗的长出，厚度不宜太厚。播种时保持湿润，喷水不能大水漫灌，会将种子冲走。每亩用种量为 2.5 ～ 3kg。

四、田间管理

1. 出苗管理 苗高 2cm 时定苗，隔 2cm 留苗，并且在出苗后要注意防治病虫害，否则可能出现幼苗死亡的现象。

2. 生长期管理 在生长期要修整农田边的杂草和杂物，比如清除垄内、田埂、地边杂草，适时进行中耕。大雨前后，且气温在 30℃以上，喷多菌灵，同时混配磷酸二氢钾和植物生长调节剂，防治远志干梢现象，要求每周喷 3 次。春季种的远志，7 月中旬每亩施尿素 20kg，8 月中旬多雨季节施硝胺 15kg；秋种远志，次年春追尿素 20kg、硫酸钾 25kg、过磷酸钙 20kg。为提高药材产量和品质，非留种田要摘蕾。

【病虫防治】

一、病害

远志根腐病 根腐病即病株根部至茎部会遍布条状不规则紫色条纹，并且病苗叶片干枯后不落，拔出病苗，根皮一般留在土壤中。

防治方法：尽早销毁发现有根腐病的植株，并集中烧毁；病穴采用药物喷洒，如 10% 的石灰水、1% 硫酸亚铁；发病初期用 50% 的多菌灵 1：1000

稀释液进行喷洒，7～10天喷一次，连续喷2～3次。

二、虫害

远志虫害较少，但有干梢和茎叶枯萎现象，其原因不清楚。主要害虫有地老虎、蛴螬、棉铃虫、蚜虫等，扑杀措施主要是用麦麸拌辛硫磷，在傍晚撒于田间诱杀（每亩用麦麸4～5kg）。也有红蜘蛛危害，一旦发现，可用克螨灵进行防治。蚜虫可用10%吡虫啉可湿性粉剂2000～3000倍液喷洒，每隔7～8天喷一次，连续喷2次。

知 母

【基原】

本品为百合科植物知母 *Anemarrhena asphodeloides* Bge. 的干燥根茎。

【适宜生境】

知母喜欢温暖、向阳的气候，但也耐寒、耐旱，可在北方的田间越冬。对土壤要求不严，最好生长在山坡黄沙土和腐殖质壤土及排水良好的地方，不能在阴湿地、黏土及低洼地生长，会导致根茎腐烂。

【栽种技术】

一、生长习性

知母为宿根植物，每年春季日均温度高于10℃便可出土，4～6月地上和地下的部分根系生长最旺盛，8～10月地下根茎增粗充实，11月植株枯死，生育期230天左右。知母种子在平均气温小于13℃时需要1个月才能全部发芽，而到18℃～20℃时则需2周，在恒温箱（20℃）里仅需6日即可。播种最佳气温为平均15℃以上。

二、繁育方法

知母的繁殖方法有2种：种子繁殖和分根繁殖。

1. 种子繁殖

（1）种子采集：采种母株宜选3年以上植株，三年生植株的花薹数为5～6支，每穗花数150～180朵，8月上旬采集成熟种子。知母结果不整齐，果实成熟极易脱落，易开裂，造成种子散落，故当蒴果黄绿色、成熟前（8月中旬至9月中旬）顺次采下、晾干、脱粒、去除杂质，置干燥处贮藏备用。按重量计，果实中种子占45%左右，每株可得5～7g种子，种子发芽率为85%～90%，隔年种子的发芽率降到40%～50%，故用上年新采收的种子为佳。

（2）种子处理：播种前将种子放在30℃～40℃的温水中浸泡24h，捞出稍晾干即可。

2. 分根繁殖 秋季植株枯萎时或次年春天解冻后返青前，刨出根状茎，选健壮粗长、分枝少者，在离芽头3cm处剪下（带芽头）或将根茎切成3～5cm长小段（茎节），尽量不要损伤须根，用作种栽，宜随挖随栽。

三、栽种方法

1. 选地整地 选腐殖质壤土和沙质壤土种植，要求向阳、疏松、排水良好，秋季深翻，每亩施3500～4000kg土杂肥、10kg氮磷钾复合肥，深翻入土，整平耙细后做成宽1.2cm的高畦，北方可做平畦。

2. 播种 种子繁殖是大量繁殖的有效方法，春播4月20日开始。播种前将种子浸泡在35℃～40℃温水中24h，捞出稍晾干即可。在整好的地中按12～25cm的行距开出深1.5cm左右的沟，将种子均匀撒入沟内，覆土1.5cm左右盖平，以不见种子为度。稍加镇压后洒水，出苗前畦内保持湿润，20天左右出苗。每亩播种量为0.7～1.0kg。苗出齐后间苗，按株距8～10cm定苗。

四、田间管理

1. 间苗定苗 春季萌芽后，当苗高3cm左右时，结合松土除草，进行间苗。苗高6～10cm时，按株距7～10cm定苗。

2. 施肥 知母对肥料的吸收能力很强，合理施肥对知母增产具有重要的意义。基肥以氮磷钾复合肥为最佳，再多配合农家肥。苗期追肥以尿素等氮肥为主，再恰当使用适量磷肥，中后期以追施草木灰、硝酸钾等氮钾复合肥为好，迟效肥可选适量饼肥。

3. 除草培土 当苗高3cm时开始松土除草，每年需要2～3次除草和松土，生长期要保持地面无杂草，由于根茎多生长在表土层，因此雨季过后和秋末要进行有效培土。

4. 浇水 越冬前要适时浇好越冬水，以防止冬季干旱。翌春发芽后，若土壤干旱也应适量浇水，以促进根和地上部分生长。

5. 剪除花薹 知母抽薹开花后，叶片和地下茎生长趋势缓，腋芽生长受到抑制，不能形成新的茎头，影响产量。除留种外应及时剪除花薹，促使地下茎增粗充实，提高产量。

【病虫防治】

一、病害

1. 立枯病 在出苗展叶期发生最频繁。受害苗在地表下干湿土交界处的茎部呈现褐色环状缢缩，幼苗折断死亡。

防治方法：出苗前喷 1∶1∶200 波尔多液 1 次，出苗后喷 50% 多菌灵 1000 倍液 2 ～ 3 次；保护幼苗，发病后及时拔除病株，病区用 50% 石灰乳消毒处理。

2. 软腐病 主要危害根茎，被害根茎初呈褐色水渍状斑块，其后变黑，病部逐渐软化而腐烂，患处有灰色脓状黏液产生，有一种特殊臭味，高温高湿和通气不良时易发病。

防治方法：选择健壮无病的种球繁殖；雨季注意清沟排渍，降低水位；播前用 50%多菌灵 500 ～ 600 倍液浸种 20 ～ 30min，晾干后下种；采收和装运时，尽可能不要碰伤根状茎；种用根状茎贮藏期间，注意通风和降温。

二、虫害

最为常见的是蛴螬（白地蚕），但也有蝼蛄。幼虫咬断苗或咀食根茎，造成断苗或根部空洞。

防治方法：可用 50% 辛硫磷乳油 1000 倍液灌根；灯光诱杀。

紫　苏

【基原】

本品为唇形科植物紫苏 *Perilla frutescens*（L.）Britt. 的干燥叶（或带嫩枝）或梗。

【适宜生境】

紫苏适应能力较强，喜欢温暖、湿润的环境，对土壤要求不严，以疏松肥沃的沙质地或富含腐殖质的壤土为宜。

【栽种技术】

一、生长习性

温度 5℃以上种子可萌发，苗期可耐 1℃～ 2℃的低温，在较高气温时生长较缓慢，全生育期为 180 天左右。

二、繁育方法

紫苏用种子进行繁殖，易萌发，寿命为 1 年。为提高种子发芽率，在播种前，种子要浸泡在浓度为 100ppm 的赤霉素中 5 ～ 10min，再放在 3℃有光照条件下处理 5 ～ 10 天，然后放在 18℃～ 23℃环境下催芽即可。采种的同时注意选留良种。选择生长健壮、产量高的植株，等到种子充分成熟后再收割，晒干脱粒，作种子用。

三、栽种方法

选地整地　一般选择沙质地，要求阳光充足、排灌方便，但以中性、富含腐殖质的土地为宜。也可以与麦茬地进行间种，但不能在盐碱地、低洼地种植。

秋季或春季进行深翻 30 ～ 40cm，随翻地每亩随施腐熟的粪肥 2000 ～ 2500kg，混匀、整平耙细、起垄做畦，畦高 20 ～ 30cm，畦宽 130 ～ 140cm，畦间距 40cm，畦长根据地势而定。

3. 播种

（1）直播法：播种期一般是4月中下旬，播种方式主要有条播和穴播。条播：在畦上面按50cm行距，开出1cm深的浅沟，然后把种子均匀撒入沟内，用细土及草木灰覆盖压实即可。一般每亩用0.75kg种子。穴播法：在整好的畦面上按30cm×50cm的株行距开浅穴，将种子播入浅穴中，每穴用1cm草木灰覆盖，稍加压实即可，但要保持土壤的湿润。每亩用0.5kg种子。

（2）育苗移栽法：苗床应选择在向阳、排水方便的地块。采取保护地（日光温室）育苗，春栽2月初播种，4月移栽定植。每亩用种子2kg，播种方法同上，行距10cm。当苗高15～20cm时可选择适宜的天气进行移栽。还要保证应随挖随栽，按照30×50cm的行株距进行栽种，栽后及时浇水。

四、田间管理

1. 间苗补苗 间苗可以根据不同的播种方法进行。直播、条播者应在苗高15cm时进行，株距为30cm。穴播者一般每穴留2～3株，苗床地在幼苗长出第一片真叶时按株行距3cm×3cm进行间苗。同时要观察紫苏苗的稀疏，如果过稀或成活率低应进行补苗。

2. 追肥 紫苏在定苗时和封垄前各追施一次肥。第一次每亩追施尿素10kg，第二次每亩追施尿素15kg，追肥后及时浇水。

3. 除草 育苗移栽地一般在紫苏苗成活后、封垄前除草2～3次。直播地根据植株的生长情况也要进行除草，分别在苗高5cm、10～15cm、25～35cm时进行。为防止倒伏，无论是移栽还是直播，一般在苗高30cm以上时要进行培土。植株过高时不再进行除草。

4. 灌溉排水 紫苏栽种后要及时浇水，尤其是幼苗期和花蕾期时要注意。如遇雨季，要及时排除积水。

【病虫防治】

一、病害

1. 锈病 锈病常发生在雨季，发病植株的基部叶的背面出现黄褐色突起的斑点，然后在叶间甚至植株间进行传染，最后病叶枯黄翻卷脱落。

防治方法：注意种植的密度；成苗后及时排除积水；发病初期用25%

的粉锈宁 1000 倍液，或 15% 三唑醇可湿性粉剂 1000 倍液，每 7 天喷一次，连续喷 2 ～ 3 次。

2. 紫苏斑枯病　一般发生在高温、湿度大、种植过密、通风不良的情形下。发病时叶面出现褐色小斑点，然后病斑逐渐扩大，最后病斑干枯成洞。

防治方法：播种前选择无病虫害的种子；及时排水，合理密植；发病初期用代森锰锌 80% 可湿性粉剂 800 倍液或 70% 苯菌灵可湿性粉剂 1000 倍液喷施，7 ～ 10 天喷一次，可交替喷施 2 ～ 3 次。

二、虫害

1. 紫苏野螟　主要发生在 7 ～ 9 月份，其幼虫咬食叶片及枝梢。

防治方法：及时清除残枝落叶，并于收获后深翻田地以减少虫害的来源。

2. 小地老虎　主要发生在 4 ～ 6 月份，害虫会直接咬断紫苏苗。

防治方法：可选用 2.5% 溴氰菊酯乳油 90 ～ 100ml，或 50% 辛硫磷乳油 500ml 加水适量，喷拌细土 50kg，配成毒土，撒施进行毒杀。

3. 其他　银纹夜蛾、红蜘蛛等虫害都可对紫苏造成危害。

防治方法：可用 5% 吡虫啉 1000 ～ 1500 倍液进行喷雾防治。